청소년을 위한

케임브리지 과학사 4

기술 이야기

청소년을 위한
케임브리지 과학사4 기술 이야기

초판 1쇄 발행 2006년 5월 10일 ＼**초판 5쇄 발행** 2017년 8월 1일
지은이 아서 셧클리프 외 ＼**옮긴이** 조경철 ＼**펴낸이** 이영선 ＼**편집 이사** 강영선 ＼**주간** 김선정
편집장 김문정 ＼**편집** 임경훈 김종훈 하선정 유선 ＼**디자인** 정경아
마케팅 김일신 이호석 김연수 ＼**관리** 박정래 손미경 김동욱

펴낸곳 서해문집 ＼**출판등록** 1989년 3월 16일(제406-2005-000047호)
주소 경기도 파주시 광인사길 217(파주출판도시) ＼**전화** (031)955-7470 ＼**팩스** (031)955-7469
홈페이지 www.booksea.co.kr ＼**이메일** shmj21@hanmail.net

© 서해문집, 2006
ISBN 978-89-7483-281-0 43400
값 8,700원

이 도서의 국립중앙도서관 출판시도서목록(CIP)은 e—CIP 홈페이지(http:／/www.nl.go.kr/ecip)에서
이용하실 수 있습니다.(CIP제어번호: CIP2006000907)

청소년을 위한 케임브리지 과학사 4

기 · 술 · 이 · 야 · 기

아서 셋클리프 외 지음
조경철 옮김

서해문집

지은이 가운데 한 명이 젊은 날 케임브리지에서 과학 교사로 일할 때, 과학과 기술의 역사 속에서 신기한 사건이라든가 뜻밖의 발견에 관한 이야기를 모아 보자고 뜻을 굳혔습니다. 그 같은 이야기를 교육에 이용하면 수업 내용이 풍부해질 것이고, 학생들도 재미있어 하려니 생각했기 때문입니다.

이리하여 틈만 나면 과학사에 관련된 이야기들을 모으는 즐거움이 시작되어, 그 뒤로 40년 동안이나 이 일이 계속되었습니다. 모아진 이야기들이 여느 사람들에게도 똑같은 즐거움을 주기를 바란 나머지, 자식들의 도움을 받아 출판을 준비했습니다.

그 같은 정보를 모으기 위해서는 당연히 여러 종류의 다양한 자료를 참고해야 했습니다. 본인이 이용한 저작물의 지은이 여러분에게 진심으로 고마운 뜻을 전해 드리고자 합니다.

그림도 이 책의 흥미를 크게 보태 주고 있는데, 이는 로버트 헌트 씨의 노작(勞作)입니다. 헌트 씨는 섬세하고 정확한 예술가로서의 기량을 참으로 능란하고 보기 좋게 결합해 주셨습니다.

이 밖에도 많은 인용문을 번역해 주신 G. H. 프랭클린 씨와 타자로 친 원고를 읽어 주신 L. R. 미들턴 씨, J. 해로드 씨, A. H. 브릭스 박사, R. D. 헤이 박사, M. 리프먼 양 등 많은 동료와 벗들에게 마음으로부터 고마움을 표하는 바입니다.

또 R. A. 얀 씨에게는 오랜 세월을 함께한 친근한 동료가 아니고는 도저히 불가능한, 신랄하면서도 건설적인 비평을 받아 특히 참고가 되었습니다. 인쇄 전 마지막 단계에서는 케임브리지 대학 출판부의 여러분이 매우 유익한 도움말과 아울러 수정하는 일을 도와 주셨습니다.

링컨에서 아서 셧클리프 & A.P.D. 셧클리프

01 최초의 압력솥

1672년, 프랑스의 한 젊은 과학자가 좀더 나은 일자리를 구하러 영국으로 건너갔다. 그는 당시 영국의 이름난 과학자였던 로버트 보일(Robert Boyle, 1627년~1691년: 원소의 정의 '보일의 법칙' 등으로 유명한 화학자·물리학자)의 조수로 고용되었다. 보일은 경(Sir)의 칭호로 불리는 귀족이기도 했다.

그 젊은 과학자의 이름은 드니 파팽(Denis Papin, 1647년~1712년경). 보일의 조수로서 뛰어난 능력을 발휘하던 그는 여러 가지 발명의 업적을 이루어 마침내 왕립 학회 회원으로 선임되기에 이르렀다.

파팽의 다이제스터

왕립 학회의 회원들은 정기적으로 만나 과학 토론을 벌이곤 하였다. 그러던 어느 날, 그 모임에서 파팽은 자신의 새로운 발명품인 압력솥으로 손수 음식을 만들어 회원들에게 대접하였다.

뒷날 '파팽의 가마솥'으로 불리게 되는 이 솥은, 꽉 들어맞는 뚜껑이 있는 밀폐 용기로 압력이 높아질 때까지 수증기가 밖으로 빠져 나

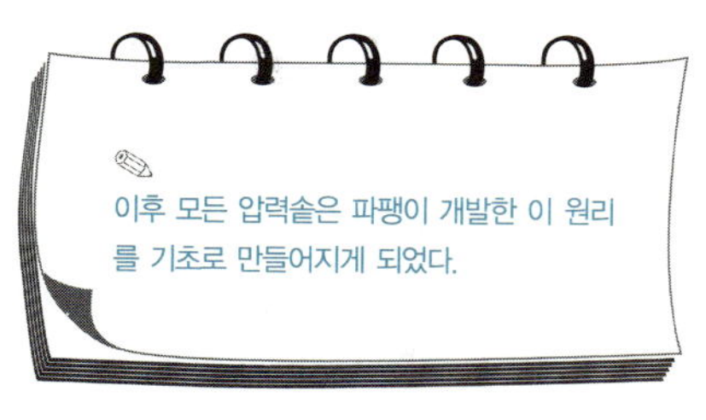

가지 못하게 만든 것이었다.

파팽은 물이 끓는 온도, 곧 물의 끓는점(비등점, 비점)은 압력이 커질수록 높아진다는 사실을 알고 있었다. 이에 그는 뚜껑이 있는 그릇에 물을 넣고 밀폐한 뒤 높은 압력이 생길 때까지 수증기가 전혀 밖으로 새어 나가지 못하게 해 놓고 열을 가해 보자는 생각을 하기에 이르렀다.

그렇게 하면 밀폐된 그릇 속의 물이 섭씨 100° 보다 높은 온도가 되어야 끓을 것이므로 요리 시간도 단축되고 열이 음식에 빨리 스며들어 더 부드럽고 맛있는 음식을 맛볼 수 있을 것이었다.

하지만 밀폐된 그릇 속의 물에 열을 가하는 것은 매우 위험한 일이었다. 그릇 속의 증기가 밖으로 빠져 나가지 못하면 압력이 무시무시하게 높아져서 끝내는 그릇을 산산조각내 버릴지도 몰랐다.

그러한 위험을 피하기 위해서 파팽은 그릇에 안전 핀을 달았다. 안전 핀은 압력이 한계에 이르기 전에 증기를 그릇 밖으로 달아나게 하여 그릇이 터져 버리는 사고를 미리 막아 주는 역할을 했다.

파팽은 자신이 발명한 이 그릇을 '다이제스터(digester, 소화하는 것)' 라고 불렀다. 아무리 딱딱하고 질긴 고기라도 이 압력솥으로 끓이면 부드럽고 연해져서 소화하기 쉽게 되기 때문이었다. 파팽의 압력솥을 사용하면 곁에 붙은 살만 먹기 마련인 뼈와 그 밖에 보통 방법으로 끓여서는 좀처럼 먹을 수 없는 음식들도 훌륭한 요리로 탈바꿈하곤 했다.

1681년, 파팽은 자신의 저서에 이 새로운 압력솥에 관해 다음과 같은 표제를 붙였다.

'새로운 다이제스터, 또는 뼈를 연하게 하는 엔진. 그 제조법과 다음과 같은 경우, 즉 요리, 항해, 제과, 음료 등의 제조 및 의약, 염료에 관한 사용법과 기술을 포함함. 아울러 상당한 크기의 엔진 제작법과 그것이 가져다 주는 이익의 계산을 덧붙임.'

파팽은 이 저서를 통해서 인간은 누구나 음식을 먹으며 살아가고 있으니 조리법을 개량해서 가급적 안전한 음식물을 섭취하도록 끊임없이 노력해야 한다고 지적하였다. 그러면서 아무리 조리하기 힘든 식품이라도 다이제스터를 이용하면 연하고 부드러운 맛을 느낄 수 있다는 사실을 사람들이 알게 된다면, 수많은 음식의 조리법이 현저하게 개량되리라는 사실을 어느 누구도 부정할 수 없을 것이라고 주장하였다.

저서에서 그는 양의 발이나 갈빗대 또는 소의 발, 늙은 토끼, 비둘기, 고등어, 꼬치고기, 붕장어, 누에콩을 비롯한 여러 채소나 오래 된 뼈 따위를 다이제스터로 삶은 후의 결과를 기술하고 있다.

나는 늙은 집토끼 수놈 하나를 얻었다. 이것은 보통의 방법으로는 도저히 먹을 수 없을 것이다. 그러나 이것을 소금에 절여서 다이제스터로 삶았더니 어린 토끼고기처럼 맛이 있었다. 또 그 즙으로는 환상적인 젤리를 만들 수 있었다.

또 이런 사례도 적고 있다.

나는 쇠뼈를 하나 구했다. 오랫동안 내버려 두어 딱딱하게 말라비틀어진, 다리 뼈 가운데서도 가장 딱딱한 부분이었다. 이것을 물에 담가 두었다가 조그만 유리 항아리에 넣고 항아리째 다이제스터에 삶았더니 썩 좋은 젤리를 얻을 수 있었다. 젤리에 설탕과 레몬즙을 섞어 보았더니 마치 사슴뿔의 젤리처럼 맛있게 먹을 수 있었다.

새로운 요리를 위한 시식회

존 이블린(John Evelyn, 1620년~1706년)은 파팽이 왕립 학회의 회원들을 초청하여 압력솥으로 만든 요리를 선보인 날 모임에 참석한 사람 중 하나였다. 그는 유명한 그의 일기에 다음과 같은 기록을 남겼다.

1682년 4월 12일 오후, 나는 왕립 학회의 서너 회원들과 같이 만찬회에 초청되었다. 식사는 파팽 씨의 다이제스터로 조리된 생선과 고기였는데, 그렇게 단단한 쇠뼈와 양뼈 등이 물이나 그 밖의 어떤 액체를 섞지 않고도 치즈처럼 말랑말랑해지는 것이 놀라웠다. 더욱 놀라웠던 것은 단지 200g 정도의 석탄만 때었을 뿐인데 믿을 수 없이 많은 고기즙이 만들어졌다는 사실이다. 쇠뼈에서 만들어진 젤리는 내가 일찍이 보

지 못한 투명한 빛깔과 맛과 향기를 뿜냈다. 꼬치고기를 비롯한 생선
들은 뼈가 이에 걸릴 사이도 없이 넘어갔다. 그렇지만 뭐니뭐니해도
가장 좋았던 건 비둘기고기였다. 그것은 전혀 물을 넣지 않고 비둘기
자체의 고기즙만으로 끓여 졸인 것이었는데 마치 파이에 넣어서 구운
것 같은 맛이 났다. 이것은 모든 식품이 가지고 있는 자연의 즙이 고형
(固形)의 물질에 작용하여 가장 단단한 뼈마저도 무르게 한 것이었다.
이 같은 철학적인—오늘날이라면 과학적이라고 해야 할—만찬은 우리 모두를 매우 유쾌하고 기쁘게 해 주었다.

파팽은 자신의 다이제스터를 널리 보급시키고자 저서의 머리말에 다음과 같은 초대의 글을 넣었다.

나는 여러분께 매주 1회씩 이 기계를 선보이고자 합니다. 장소는 워터 레인(Water Lane)의 블랙프라이어스(Blackfriars, 1756년~1769년)이고, 시일은 매주 월요일 오후 3시로 정합니다. 다만 낯선 사람들이 많이 몰려들어서 일어날 수 있는 혼란을 방지하여야 하므로, 왕림해 주실 분들은 왕립 학회 회원의 소개장을 지참하시기 바랍니다.

찰스 2세(Charles II, 1630년~1685년: 영국 스튜어트 왕조의 제3대 왕) 또한 파팽의 발명에 매우 큰 흥미를 보여, **화이트홀**에 있는 자신의 실험실에 비치하기 위해 다이제스터를 하나 만들도록 명하였다.

삶아지지 않는 감자

그로부터 200년이 지난 어느 해에 생물의 진화를 주장한 생물학자 찰스 다윈(Charles Robert Darwin, 1809년~1882년)이 남반구를 항해하던 중 남아메리카의 멘도사(Mendoza)에 머물렀을 때, 서너 명의 동료와 같이 가까운 산에 올라간 일이 있었다.

그들은 높은 산에서 감자를 삶아 허기를 달래려 했다. 하지만 끓는 물 속에 몇 시간이나 넣어 두었는데도 감자는 처음 넣었을 때와 마찬가지로 단단할 뿐이었다. 다음 날 아침까지도 감자는 결코 부드럽게 익지 않았다.

다윈의 동료들은 감자가 익지 않는 것을 보며 불평을 해댔다.

"이 바보 같은 가마솥 같으니라고!"

"도대체 감자 같은 하등 식품 따위를 왜 삶아 먹는 거지?"

가마솥은 멀쩡했고 감자 또한 잘못된 것이 아니었지만 그들은 이런 결론을 내리고 만 것이었다.

하지만 그 순간 다윈은 높은 압력에서는 끓는점이 100℃보다 훨씬 높아져서 음식이 더 부드럽고 연해진다는 '파팽의 다이제스터'를 떠올렸다. 다윈은 그제야 그들에게 일어났던 불가해한 현상을 동료들에게 설명해 줄 수 있었다.

우리가 야영한 곳은 고도가 3,300m쯤 되는 곳으로, 식물이 매우 듬성듬성 나 있었다. 그 곳은 상대적으로 압력이 높은 저지대보다 대기의 압력의 훨씬 더 낮은 곳이었다. 그래서 물은 낮은 온도에서 끓었고 감자가 계속 익지 않았던 것이다.

02

별난 스테이크 요리법

고 온 실 에 서 의 체 험

실 내 온 도 로 하 는 요 리

저 온 에 서 의 영 향

전 쟁 과 과 학 의 발 달

오븐으로 어떤 식품을 요리할 때, 요리사가 그 오븐 속으로 들어가는 일을 상상하기란 어려울 것이다. 그러나 18세기에는 몇몇 유명한 과학자들이 '싸구려 스테이크용 고기'를 가지고 그 스테이크가 13분 만에 제법 잘 구워질 만큼 높은 온도로 미리 데워진 조그만 방 안으로 들어간 일이 있었다.

빵 굽는 가마솥으로 들어간 처녀

18세기의 과학자들은 열과 관련된 연구에 많은 공을 들였다. 특히 높은 온도가 인체에 미치는 영향에 관심이 높았다. 그들은 인간의 체온은 평균 36.6℃ 정도이며 여기서 불과 몇 도만 올라가도 단박에 목숨을 잃는다는 사실을 알고 있었다. 열의 상승은 불과 5℃ 이내였지만 생명이 걸린 일이었던 것이다(생물·의학편 제3장 참조).

훨씬 오래 전부터 로마 인들은 뜨거운 물이 인체에 미치는 영향은, 뜨거운 공기의 영향과 완전히 다르다는 사실을 알고 있었다. 인간은 55℃로 데워진 열탕에 잠깐 몸을 담그는 것만으로도 몹시 괴로워하지만, 같은 온도의 방 안에는 그보다 훨씬 오랫동안 들어가 있을 수 있기 때문이었다.

이 사실은 1760년에 로슈프코(Rouchefoucalt)에 거주하는 두 명의 프랑스 과학자에 의해 증명되었다. 곡물에 꾀는 해충을 없앨 방법을 연구하던 그들은 해충이 붙어 있는 곡물을 커다란 오븐에 넣고 열을 가해 보기로 하였다. 실험에 드는 비용을 줄이기 위해 근처 빵 공장의 오븐을 빌려 실험 도구로 사용하였다.

그들은 삽에 온도계를 얹어 오븐 속으로 들이밀었다가 꺼내 온도를 측정하려 했다. 그러나 밖의 차가운 공기로 인해 미처 눈금을 읽기도 전에 시도(示度)는 순식간에 내려가 버리고 말았다.

과학자들의 실험이 난관에 처했을 때, 한 처녀가 나섰다.

"저는 오븐을 많이 다루어 봤답니다. 직접 온도계를 가지고 오븐 속으로 들어가서 눈금을 읽어 보겠어요."

처녀가 온도계를 들고 오븐 안으로 들어간 지 2분이 지나자, 한 과학자는 걱정이 되어 안절부절못했다. 그러나 이 **샐러맨더** 처녀는 그에게 사고는 전혀 없을 테니 마음 놓으라고 안심시키고는 10분 정도 더 오븐 안에 들어가 있었다.

오븐의 온도는 화씨 288°로, 물의 끓는점(화씨 212°)보다도 훨씬 높았다. 이윽고 그녀가 밖으로 나왔을 때, 그녀의 얼굴은 몹시 빨개져 있었으나 호흡은 정상이었고 그리 괴로워 보이지도 않았다.

고온실에서의 체험

인간이 높은 기온을 견뎌 낼 수 있다는 이 사실은 아주 우연한 발견이었다. 이후 1775년, 몹시 뜨거운 공기에 대한 인체의 반응을 연구하기 위해서 계획적으로 실험이 실시되었다.

실험에 참가한 사람들은 모두 왕립 학회의 명망 높은 회원이었기에 이들의 보고에 의심을 품을 여지는 전혀 있을 수 없었다.

1775년 1월 중순, 뱅크스(Joseph Banks, 1743년~1820년: 영국의 탐험가, 자연과학자)와 블랙던(Charles Blagden)을 포함한 서너 명의 신사는 당시까지만 해도 생물이 간신히 견뎌 낼 것으로 여겨지던 한도보다 훨씬 높은 온도가 인체에 미치는 영향을 관찰하자는 제안을 받았다.

이들은 모두 이 제안을 흔쾌히 받아들여 실험에 응했다. 동물의 몸은 자신의 체온보다 훨씬 높은 온도를 견뎌 낼 수 있는 대단한 힘을 가지고 있다고 확신하고 있었기 때문이다.

실험은 학교 교실의 절반쯤 되는 세로 4.2m, 가로 3.6m의 작은 방에서 이루어졌다. 방 가운데 둥그런 난로를 놓고, 방 밑을 지나는 연통을 통해 뜨거운 공기를 방 안으로 들여보내 가열하는 방식이었다. 방 안에 연통이나 환기 장치 같은 것은 하나도 없었다.

내부 온도가 거의 물의 끓는점에 이르렀을 때, 과학자들은 옷을 모두 입고 한 명씩 방 안으로 들어갔다.

이들은 나중에 각자가 관찰한 사실을 보고하였는데, 모두 하나같이 자신의 발과 얼굴에 불을 쏘는 듯한 뜨거움을 느꼈다고 했으며 그 중 한 사람은 땀으로 온몸이 흠뻑 젖었다고 말했다. 과학자들의 맥박은 모두 빨라져 있었으나 호흡 속도는 정상이었다.

어쨌거나 이것은 아무도 예상하지 못한 지극히 비정상적인 체험이었다. 100℃가 넘는 방을 일반적인 조건이라고 보기는 힘든 일이지 않겠는가.

일반적인 방 안에서라면 체온은 공기의 온도보다 높을 뿐만 아니라 방 안에 있는 물체 대부분의 온도보다도 더 높다. 예를 들면 차가운 겨울날 시린 손에 입김을 쐬면 손이 따뜻하게 느껴진다. 입에서 나온 공기가 손의 살갗보다 따뜻하기 때문이다. 그러나 체온보다 훨씬 낮은 공기 속에 놓아 두었던 쇠붙이는 체온에 가까운 손보다 더 차갑게 느껴진다.

실험에 쓰인 뜨거운 방 안에서는 공기의 온도가 사람의 몸 또는 사람이 내뱉는 입김의 온도보다도 훨씬 높았다. 실험자 중 하나가 방 안에 걸려 있는 온도계에 입김을 불었더니 수은주가 3~4℃나 내려갔을 정도로 말이다.

또 한 실험자는 자신의 몸이 '마치 시체처럼 차갑게' 느껴져서 부랴부랴 체온을 재 보았다고 말했다. 그리고 회중시계의 줄을 무심코 만졌다가 손을 델 뻔한 실험자도 있었다.

실내 온도로 하는 요리

1775년 4월 3일, 이번에는 시포스(Seaforth) 경과 조지 홈(George Home) 경 외 두 사람이 고온으로 가열한 방 안에 들어가는 실험에 참가했다. 지난번과 달리 실내 온도는 물의 끓는점보다 더 높았다.

"우리 모두는 이 온도를 완전히 잘 견뎌 내었고, 체온은 특별히 느껴질 만한 변화를 나타내지 않았다.”

실험이 끝난 후 그들은 이렇게 말했다. 게다가 그들은 방 안 온도가 오븐 속과 거의 같다는 사실에 착안하여 몇 가지 재미있는 음식 조리 실험까지 해 보았다.

우리는 놋쇠 쟁반 위에 달걀 몇 개와 비프스테이크를 얹어 놓았다. 약 20분이 지나 달걀을 깨 보았더니 완전히 단단하게 익어 있었다. 스테이크는 33분 만에 약간 지나칠 정도로 구워졌고, 47분이 지나자 겉면이 바삭바삭하게 말라 버릴 정도가 되었다.
같은 날 밤, 열기가 그대로 남은 방 안에 우리는 싸구려 비프스테이크를 들고 들어갔다. 한 쌍의 풀무로 스테이크에 바람을 불어넣었더니 살코기의 표면이 눈에 띄게 변화하며 빨리 익는 듯 보였다. 대부분의 스테이크는 13분 만에 아주 잘 구워졌다.

저온에서의 영향

고온의 방을 체험한 이들 중 하나인 조지프 뱅크스는 그보다 오래 전에 아주 극심한 추위를 체험한 일이 있었다. 26세의 젊은 나이에 그는 식물학자로서 쿡(James Cook, 1728년~1779년) 선장과 함께 최초로 태평양 학술 탐험에 참가했던 것이다.

탐험대가 남아메리카 대륙 남쪽 끝에 있는 제도인 티에라델푸에고(Tierra del Fuego)에 이르렀을 때, 뱅크스는 일행과 함께 두 명의 흑인 일꾼을 데리고 새로운 식물을 찾으러 산 위로 올라갔다. 이 때 식물학자 솔랜더 박사(Daniel Charles Solander, 1736년~1782년)도 동행했는데, 그는 학창 시절 린네(Carl von Linne, 1707년~1778년: 생물의 종과 속을 정의하는 원리를 만든 스웨덴의 식물학자. 생물·의학편 제12장 참조)와 함께 스웨덴의 산악 지대에서 머문 경험이 있었다.

아침 나절의 맑은 날씨만 믿고 일행은 몹시 험난한 지형을 무릅쓰고 전진해 갔다. 그러나 섬의 날씨는 변덕스러웠다. 밤이 되자 한여름이었음에도 불구하고 찬바람과 비, 진눈깨비가 그들을 덮쳤던 것이다.

이미 스웨덴의 추운 산을 체험한 바 있었던 솔랜더는, 대원들에게 "일단 잠이 들면 다시는 눈을 뜨지 못할 테니 절대 잠들지 말게나." 라며 단단히 경고했다.

기온은 점점 더 낮아져만 갔다. 일행은 서로 잠들지 못하게 하느라고 무진 애를 쓰며 불을 지필 적당한 장소를 찾아 나섰는데 얼마 못 가서 모두 더 걷지 못하겠다며 주저앉고 말았다. 그 뒤에 일어난 일을 대원 하나는 다음과 같이 회상하고 있다.

우리는 불을 지필 적당한 장소를 찾아 일행이 먼저 떠나자 별 수 없이 따라나섰다. 그러나 흑인 일꾼 중 하나인 리치몬드는 눕고 싶어 견디지 못했다. 리치몬드에게 여기서 멈췄다가는 이대로 얼어 죽는다고 타

일렀으나 지칠 대로 지친 그는 차라리 죽는 것이 나을 것 같다며 꼼짝 안 했다. 솔랜더 박사 또한 자신의 경고와는 반대로 좀 누워야겠다고 우기기만 했다. 끝내 그 두 사람은 주저앉아 잠이 들어 버렸다.

때마침 선발대가 400m 가량 떨어진 곳에 화톳불을 피워 놓았다고 알려 왔다. 뱅크스 씨가 두 사람을 깨웠으나 주저앉은 지 몇 분 되지도 않은 그들의 손발은 이미 말을 듣지 않았다. 다행히 박사는 따라나설 수 있는 정도였지만 리치몬드는 아무리 손을 써도 일어나지 못했다.
하는 수 없이 일행은 선원 하나와 다른 흑인 일꾼에게 리치몬드의 간
호를 맡기고 이동할 수밖에 없었다.

우리는 솔랜더 박사를 화톳불 근처에 데려다 놓고, 다시 리치몬드가
있는 곳으로 되돌아갔다. 하지만 리치몬드는 한사코 동행을 거부하였
다. 게다가 다른 흑인 일꾼마저 인사불성이 되어 땅바닥에 쓰러져 버
렸다.

우리는 도저히 그들을 화톳불까지 데리고 갈 수 없었다. 불행히도 흑
인들의 목숨을 하늘에 맡기는 수밖에 없었던 것이다.

(전쟁과 과학의 발달)

18세기의 고온 연구는 당장 절박하게 해결해야 할 문제를 안고 있
었기 때문은 아니었다. 그러나 20세기에 들어와서는 제2차 세계 대전
으로 인해 고온이 인간에게 미치는 영향을 연구하는 일이 몹시 중요한
과제로 등장하게 되었다. 전투에서 수많은 군인들이 높은 온도를 견뎌
내야 하는 상황에 처했기 때문이다.

영국의 해군 장병들은 좁고 뜨거운 기관실이나 보일러실 또는 포탑
속에서 일해야 했고, 육군 병사들은 70℃나 되는 사막 내지는 열대의
정글 속으로 들어가서 싸워야 했다.

과학자들은 전쟁시에 초래되는 여러 가치 문제를 연구하는 과정에서 특별히 높은 온도로 가열할 수 있는 방을 만들고 갖가지 실험을 하였다. 어떤 실험자에게는 그 안에서 작업을 하게 한 뒤 그로 인해 소비되는 에너지의 양을 측정하기도 하였다.

인체가 왕성하게 힘을 내고 있을 때는 체온이 올라간다. 정상 상태에서 인체는 전도, 대류, 방사, 그리고 증발에 의한 네 가지 방법으로 열을 잃게 된다.

몸의 열을 잃기 위해서는 주변의 공기가 몸보다 차가워야 한다. 그러고 보면 뜨거운 방 안에서 인치가 열을 잃는 방법은 오직 증발에 의한 방법밖에 없었다. 과학자들은 땀의 증발이라는 점에 관심을 돌렸다.

피부 표면의 수많은 땀샘은 더운 방 안에서 기능이 매우 활발해진다. 땀의 주성분은 소금물로, 더운 방 안에서 그 중의 수분이 일부 증발한다. 물을 수증기로 바꾸기 위해서는 열이 필요하고, 땀이 증발하면 몸은 그 열을 빼앗기기 전보다 차가워진다. 그러면 밀폐된 더운 방 안은 곧 수증기로 가득해지는데, 그렇게 되면 더이상 땀을 증발시킬 수가 없다.

전쟁 중 과학자들은 더운 방 안에서 인간이 일을 하는 속도를 연구하였다. 그 결과 인간이 격렬한 작업을 계속하면 땀을 많이 흘리는데 이런 상태로 30분 이상 작업을 계속할 수는 없으며, 30분 이내라도 미리 훈련을 받지 않고는 해낼 수 없다는 점을 알아냈다.

또 개인에 따라서 땀을 흘리는 양도 다르고 고온 속에서 할 수 있는 작업의 양도 현저한 차이가 난다는 점, 고온의 방 안에 처음 들어갔을 때보다 몇 번 거듭 들어간 뒤에야 비로소 충분한 땀을 흘리게 된다는 점도 뚜렷이 밝혀 냈다.

18세기의 과학자들의 실험 결과가 여기서 상기될 것이다. 그 실험에서 흠뻑 땀을 흘린 실험자는 한 명뿐이었다. 이제 전시연구(戰時研究)의 결과로, 우리는 그 때 다른 실험자들이 그다지 땀을 흘리지 않은 것은 처음 뜨거운 방 안에 들어갔기 때문이었을 것으로 미루어 짐작할 수 있다.

그렇긴 하나 오랜 시간 동안 뜨거운 방 안에 머물러 있으면 땀의 양은 증가하여 미처 증발할 사이도 없이 빠른 속도로 분출되었을 것이다. 증발에 의해 상실되는 열은 더욱 적어지고, 그 때문에 체온은 계속 상승하여 마지막에 도달하는 결과는 끝내 죽음일 수밖에 없었을 것이다(생물·의학편 제3장 참조).

03

감자의 로맨스

운 명 의   선 물

파 르 망 티 에 와   감 자   요 리

맥 베 스 의   독   초

　　15세기 말엽 아메리카 대륙을 발견한 에스파냐 인들은 그 곳에서 여러 가지 낯선 식물들을 발견하였다. 그 중에는 못생기고 울퉁불퉁한 감자도 있었다.

　이들은 유럽으로 이 못생긴 감자를 가져갔지만 식용으로 여기지는 않았다. 초기에 감자는 단지 가축의 사료나 노예들에게 배급할 식량 정도로만 여겨졌기 때문에, 감자가 유럽에 전파되는 데는 꽤 오랜 시간이 걸릴 수밖에 없었다.

운명의 선물

　감자는 세계적으로 중요한 식용 작물 중 하나로 땅 속 덩이줄기를 먹는다. 초여름에 조그맣고 흰 꽃이 모여 피며, 열매는 구슬 모양인데 그다지 많이 열리지는 않는다.

　아일랜드에 전해지는 말에 따르면 감자를 영국에 도입한 사람은 월터 롤리(Walter Raleigh, 1554년경~1618년: 군인·탐험가·저술가. 엘리자베스 1세의 총애를 받았으나 뒤에 처형됨. 제8장 참조) 경이었다 한다.

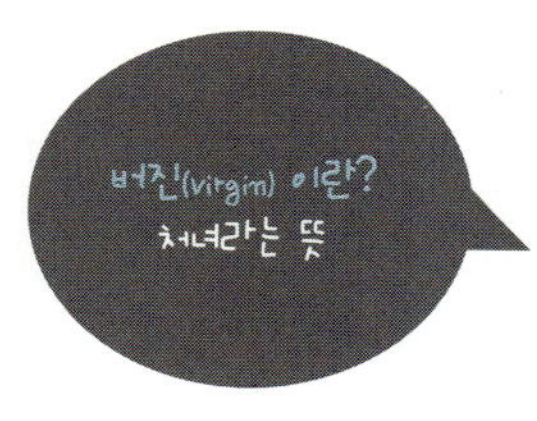

그는 처음으로 감자를 입수한 북아메리카 해안 지역을 버지니아(Virginia)라고 이름 지었다. 버지니아에는 '영국의 **버진**'이었던 여왕 엘리자베스를 찬양하는 뜻이 담겨 있었다.

월터 롤리는 버지니아에 특히 깊은 관심을 기울인 끝에, 무상으로 땅을 제공하여 그 곳에 영국의 식민지를 건설하려고 힘썼다. 그러나 그의 노력은 성공하지 못했고, 이주하려던 사람들은 실망만을 안고 영국으로 돌아갔다. 그들 대부분은 드레이크(Francis Drake, 1540년경~1596년) 경이 그 유명한 세계 일주 항해(1577년~1580년)를 마치고 귀로에 올랐을 때 따라서 귀국했다.

롤리는 가져간 감자를 아일랜드의 자택에 심기로 하였다. 그의 저택은 코크 주(州)에 있는 메이너하우스에 있었다. 롤리는 가지고 간 감자 몇 알을 정원사에게 주며 심으라고 하였는데, 정원사는 감자가 과일—그는 이를 '애플'이라고 불렀다—인 줄 알았다고 했다.

8월이 되어 감자는 꽃을 피웠고, 9월에는 열매를 맺었다. 그러나 자신이 기대했던 것과 너무나 다른 열매 모양에 화가 난 정원사는 감자를 꺾어 들고 주인에게 가지고 갔다.

"이 알량한 것이 그렇게 훌륭하다는 아메리카의 과일인가요?"

롤리는 감자의 열매를 보고는 정원사에게 그런 '쓸모 없는 풀'은 다 파서 내다 버리라고 명했다. 정원사는 분부대로 뿌리를 파내다가 얼추 1

부셸이나 되는 감자가 주렁주렁 매달려 나오는 걸 보고 화
들짝 놀랐다. 감자를 본 정원사는 그것이야말로 그 '쓸
모 없는 풀'의 먹을 수 있는 부분이라는 것을 알았던 것
이다.

또다른 이야기에 따르면, 감자를 처음으로 영국에 도입한 것은 월터
롤리가 틀림없지만, 맨 처음 심은 곳은 아일랜드가 아니라 잉글랜드의
시드머스(Sidmouth)였다고 한다. 롤리는 그 곳에서 최초로 감자를 키웠
고 감자의 푸른 잎으로는 샐러드를 만들었다는 것이다.

그는 감자 잎을 조금 따서 엘리자베스 여왕에게 선물로 바쳤는데,

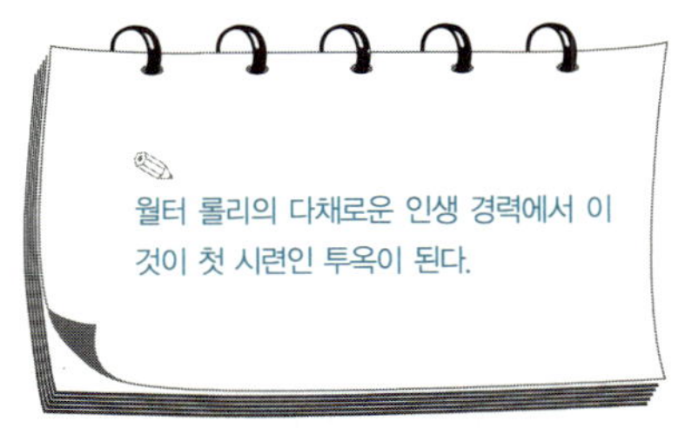

감자 잎을 먹은 여왕이 중독되어 죽을 뻔한 바람에 반역죄로 체포된 일도 있었다■. 영국에 감자를 도입했다고 일컬어지는 사람은 그 밖에도 있으나, 월터 롤리가 아일랜드의 감자 재배와 깊은 관계가 있다는 사실에는 의심의 여지가 없다.

그로부터 약 200년 이상이 지나 심각한 가뭄으로 흉작과 기근이 계속되어 식량이 부족해지자 많은 사람들이 쉽게 잘 자라고 생산량도 많은 감자에 의존했고(생물·의학편 제17장 참조), 그로 인해 감자는 '롤리의 운명의 선물'이라고 불리게 되었다.

반면 독일에서는 같은 엘리자베스 여왕 시대의 또다른 유명한 항해자 드레이크 경을 유럽에 감자를 도입한 사람으로 지칭하고 있다. 독일인들은 바덴에 가까운 오펜부르크(Offenburg)에 드레이크의 동상을 세우고 '처음으로 감자를 유럽에 도입한 사람'이라는 말을 새겼다고 한다. 그러나 이 동상은 제2차 세계 대전 중에 나치의 손에 의해 철거되어 지금은 찾아볼 수 없다.

파르망티에와 감자 요리

아일랜드는 유럽에서 가장 먼저 감자를 식용 작물로 재배한 곳이며,

17세기 말에는 이미 감자가 중요한 농작물이 되어 있었다. 하지만 다른 유럽 지역에서는 아메리카의 원주민들이 먹던 감자를 쉽게 받아들이지 않았다. 유럽 인들은 감자는 미개하고 가난한 사람들이나 먹는다는 편견을 가지고 있었고, 울퉁불퉁하고 흙이 잔뜩 묻어 있는 감자의 외양 때문에 만지기만 해도 병을 얻게 될 것이라며 두려워했던 것이다.

더욱이 스코틀랜드 인들은 감자의 이름이 성경에 나오지 않는다는 이유로 감자를 저주받은 식물이라 여겼다. 그 때문인지 스코틀랜드에서 감자가 대규모로 재배된 것은 18세기에 접어들고서도 퍽 오랜 시간이 지난 다음의 일이었다.

프랑스에 감자가 퍼지게 된 것은, 루이 14세(Louis XIV, 1638년~1715년)와의 전쟁 때 영국 병사 중 하나가 감자를 플랑드르(Flandre) 지방으로 가지고 가면서부터였다. 당시 프랑스 인들은 감자를 먹으면 **문둥병**에 걸린다고 믿었다. 그래서 처음에 감자를 재배하던 한 농부는 자신이 키운 감자가 이웃 주민들 손에 뽑혀 내동댕이쳐지는 봉변을 당하기도 했다.

이렇게 천대받던 감자는 프랑스의 뛰어난 정치가 튀르고(Anne Robert Jacques Turgot, 1727년~1781년)가 자신의 영지에서 감자 재배를 장려함으로써 널리 보급되기에 이르렀다. 이로 인해 프랑스 왕국 전체가 이 새로운 식품을 즐기게 될 것 같은 희망이 생길 무렵 일부 의사들이 감자에 새로운 누명을 뒤집어씌웠다. 이번에는 감자가 문둥병이 아니라 열병을 일으킨다는 것이었다.

당시 튀르고의 감자 변호에 가장 강력한 지원을 보낸 것은 앙투안 오구스탱 파르망티에(Antoine Augustin Parmentier)라는 약사이자 농학자였다. 그는 7년 전쟁(1756년~1763년) 때 병사로 종군했다가 프러시아군의 포로가 되어 감옥에 갇혀 있었는데, 그 동안 감자를 배급받아 연명하면서 그것이 훌륭한 음식이 될 수 있다는 것을 깨달았다.

1771년 프랑스의 한 학회는 극심한 가뭄으로 인해 식량이 부족할 때 밀 대신 식량으로 이용할 수 있는 식품을 발견한 이에게 거액의 상금을 지급하겠다고 발표하였다. 이에 파르망티에는 감자를 제안하였고, 이 식물의 가치를 실증하기 위해서 루이 16세의 원조를 얻어 레사브론의 원야(原野) 6만여 평의 땅을 빌려서 시험 재배를 해 보기로 하였다.

이윽고 감자의 꽃이 피자, 파르망티에는 국왕인 루이 16세에게 그 꽃을 바쳐 단춧구멍에 꽂도록 권유했다. 그러는 한편 왕비 마리 앙투아네트(Marie Antoinette, 1755년~1793년)에게도 감자꽃의 아름다움을 설파해 왕비가 머리를 감자꽃으로 장식하고 야회에 참석하는 일까지 있었다. 이쯤 되자 순식간에 뭇 왕후, 귀족, 고관들이 얼간이같이 파르망티에를 찾아가서 감자꽃을 얻어 가려고 혈안이 되었다. 온 파리 시내가 감자 타령이었고, 그것을 재배한 사람의 소문으로 들끓었다.

감자가 자라는 동안, 파르망티에는 국왕의 승낙을 받아 감자밭에 감시병을 세워 놓았다. 군대가 밭을 둘러싼 광경을 목격한 사람들은 그 곳에 퍽이나 귀중한 작물이 심어져 있으려니 하고 생각했다.

감자를 수확한 뒤, 파르망티에는 수많은 유명 인사를 연회에 초대하였다. 그 가운데에는 위대한 과학자 라부아지에(Lavoisier, 1743년~1793년: 화학편 제10장 참조)도 있었다.

연회 요리는 모두 감자를 여러 가지 방법으로 조리한 것이었는데 그 맛이 몹시 훌륭해 어떠한 설득보다도 효과적으로 감자의 가치를 높여 주었고, 나아가 수많은 사람들이 감자를 예찬하기에 이르렀다. 그러나 오늘날에 이르러서는 파르망티에에 관한 이야기의 태반이 지어 낸 것으로 여겨지고 있다. 연회의 메뉴라든가 제공된 요리의 조리법이 비록 그 시절에는 실재했었는지 모르지만 오늘날까지 남아 있지 않기 때문이다.

그렇기는 하지만 파르망티에가 여러 가지 방법으로—비록 앞에 적은 바와 같은 방식은 아니었다 할지라도—감자의 재배를 늘리는 데 크게 공헌한 사실에는 틀림없다. 그는 감자를 화학적으로 분석하고 일부 몽매한 대중의 생각처럼 독소가 들어 있는 것이 아니라는 것을 밝혀 냈다.

파르망티에는 또 감자의 재배법과 이용법에 관해서 알려져 있는 온갖 정보를 집대성하여 책으로 펴내기도 하였다. 그는 저작 활동을 통해서뿐만 아니라 잡지 기고와 온갖 강연을 통해서도 감자의 효능을 쉴 새없이 주장하였다.

이에 루이 16세는 "그대가 가난한 사람들을 위한 빵을 발견한 데 대

해서 프랑스는 오래도록 그대에게 감사하리라.” 하며 파르망티에를 치하하였다.

그가 죽은 뒤 1세기나 더 지나는 동안, 그의 무덤에는 감자가 심어지고 프랑스 인이 그의 봉사 활동을 결코 잊지 않게끔 해마다 그 무덤에 감자가 바쳐져 왔다고 한다. 오늘날에도 그의 이름은 레스토랑의 메뉴에 '폼 드 테르(Pomme de terre, '흙의 사과' 곧 감자라는 뜻) 파르망티에' 또는 '포타즈(Potage) 파르망티에' 등의 요리 이름이 되어 남아 있다.

맥베스의 독초

많은 사람들은 감자에 독소가 있다고 생각하였다. 그 이유는 감자가 가지과에 속하는 식물이라는 데서 찾을 수 있다. 가지과의 식물 가운데 유명한 유독 식물이 몇몇 포함되어 있었기 때문이다.

가지과의 식물 가운데 얼추 10분의 1은 땅 속에 덩이줄기가 나 있고, 그 밖의 것은 굵은 육질에 길고 끝이 가는 뿌리가 있다. 그런데 사람들 눈에는 이런 뿌리가 감자의 땅속줄기를 닮은 것처럼 보였던 것이다.

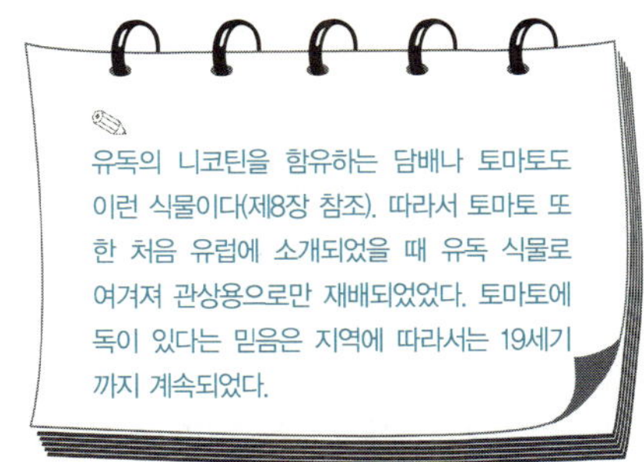

같은 가지과에 딸린 야생 식물 가운데 벨라돈나풀(belladonna)과 히오스키아무스(hyocsyamus, 사리풀)는 영국 땅에 널리 자라고 있는 풀이었다. 이들이 독을 지니고 있다는 사실은 사람들 사이에 이미 잘 알려져 있었다.

사리풀은 파슬리(parsley, 폴란드 미나리, 양미나리)라는 야채를 닮았는데, 그

뿌리를 먹으면 눈이 침침해지고 현기증이 나며 졸음이 오다가 정신착란과 경련이 일어났다.

셰익스피어가 그의 희곡 《맥베스(Macbeth, 1606)》에서 마녀가 등장하는 장면을 쓸 때 염두에 둔 것이 사리풀 또는 벨라돈나풀이었던 것 같다. 그들 세 마녀가 사라진 뒤, **뱅쿼**와 맥베스는 자신들이 실제로 마녀를 보았던 것인지 의아해한다. 셰익스피어는 그 장면을 다음과 같이 적고 있다.

여기서 우리가 지금 이야기한 대로의 일이 일어났던가? 그게 아니면, 우리는 이성(理性)을 사로잡는 저 미치광이풀의 뿌리를 먹은 것일까?

셰익스피어는 홀린셰드의 《스코틀랜드 연대기》와 뷰캐넌의 《스코틀랜드의 역사(Rerum Scoticarum historia, 1582년)》에서 남은 자료를 수집하였다. 이 모두에는 어떤 유독 식물에 관한 다음과 같은 이야기가 실려 있다.

1035년, 덴마크 사람인 스벤(Sweyn)은 파이프(Fife)에 상륙하여 부른 일대를 짓밟고 남녀노소를 마구 학살하였다. 스코틀랜드 사람들은 국왕 덩컨 1세를 받들고 뱅쿼와 맥베스 등 장군의 지휘 아래 덴마크와 싸웠으나 전쟁에 패하여 퍼스(Perth)로 도망쳤다.

덩컨은 가까스로 자기 성으로 들어가 맥베스를 각지에 파견하여 성이 포위당하기 전에 새 전력을 결집하도록 조치하는 한편 시간을 벌기 위하여 스벤과 휴전을 협상하기 시작하였다. 회담을 진행하면서, 덩컨은 비열한 음모를 꾸몄다.

그는 허위로 강화 조약을 맺고는 식량 부족으로 고생하던 덴마크 장병들에게 음식물을 제공하였는데, 그 동안 장병들을 성벽 가까이에 배치시켜 공격 신호를 기다리게끔 해 놓고 맥베스에게 미리 밀서를 보내었던 것이다. 덴마크 장병들은 걸신들린 것처럼 제공된 음식을 먹고 마셨다. 덩컨은 음식에 셰익스피어가 미치광이풀이라고 부른 그 식물의 즙을 은밀히 섞어 놓았었다.

음식을 먹은 덴마크 장병들이 순식간에 곯아떨어지자, 덩컨은 공격 신호를 내렸다. 맥베스는 계략에 걸렸다고는 꿈에도 생각하지 못하는 덴마크 군을 닥치는 대로 학살하였다. 그들의 대부분은 거의 꼼짝도 하지 못하고 잠든 채 죽어갔다. 몇몇은 소동 소리에 깨어났으나 머릿속이 몽롱하고 눈이 빙빙 도는 듯 어지러워 아무런 반항도 할 수 없었다. 용케 귀국할 수 있었던 것은 스벤과 10명 정도의 장병뿐이었고 나머지는 모두 살해되고 말았던 것이다.

홀린셰드와 뷰캐넌 모두 서로 의논이라도 한 것처럼 이 설화를 기록해 놓고 있는데, 뒷날의 여러 저술가들은 그 유독 식물이 벨라돈나풀이거나 사리풀이었을 것으로 추측하고 있다.

04

튤립의 시대

밀어닥친 파산

튤립을 먹고 **감옥**에 간 선원

튤립인가 **양파**인가

네덜란드는 예부터 튤립의 재배로 유명하여 흔히 '튤립의 나라'로 불린다. 그러나 사실 튤립의 원산지는 네덜란드가 아니다. 튤립은 16세기 후반, **레반트**로부터 서유럽으로 전파되었던 것이다.

네덜란드에서 튤립의 재배가 급속히 번진 것은 튤립만의 아주 특이한 성질 때문이었다.

튤립을 재배하다 보면 놀랄 만한 변화를 관찰할 수 있다. 튤립은 줄곧 한 가지 빛깔의 꽃을 피우고 있던 알뿌리가 갑자기 몇 가지 빛깔을 흩뿌려 놓은 듯한 무늬의 꽃을 피우는가 하면, 줄무늬라든가 깃털무늬의 꽃을 피우는 양상을 보이는데, 이런 돌연한 변화를 '브레이킹(Breaking)'이라고 한다. ■

원예학 저술가인 영국인 존 제라드

H. E. 데일은 튤립의 브레이킹에 대해서 이렇게 기술하고 있다. '아무리 조사해 보아도 잘 알 수 없는 일은 튤립이 브레이킹 현상을 일으키는 원인이 무엇인가 하는 문제다. 이것은 어느 기간─길고 짧고는 각양각색이지만─이 지난 뒤에 꽃의 빛깔이 돌연 변화하는 것으로, 마치 그 때까지 꽃잎 전체에 흩어져 있던 색소가 어느 한정된 구역으로 집합된 것처럼 단색의 꽃이 줄무늬 또는 흩뿌려 놓은 무늬가 되어 버리는 것이다.'

1933년에 이르러서야 이 현상이 진딧물로 매개되는 일종의 바이러스(virus)로 말미암아 일어난다는 사실이 밝혀졌다. 어쨌거나 이 같은 브레이킹 작용으로 여러 가지 색다른 품종을 만들 수 있었기에 튤립 재배는 네덜란드의 꽃을 사랑하는 사람들 사이에서 대단한 인기를 불러일으켰다. 튤립이 도입된 지 1세기가 지나기도 전에, 이 꽃은 정원이나 공원에서 많은 사람들을 매혹시키게 되었던 것이다.

(John Gerard, 1545년~1612년)는 1597년, 튤립에 대해 이렇게 평하였다.

'자연은 내가 알고 있는 어떠한 꽃보다도 튤립이라는 이 꽃을 즐겁게 가지고 노는 듯 보인다.'

튤립의 투기 열병

그 무렵 네덜란드는 한창 눈부신 번영을 구가하고 있었다. 네덜란드는 수도 암스테르담을 중심으로 하는 다이아몬드 공업을 비롯해 델프트(Delft)에서 만들어지는 유명한 도자기와 타일의 본거지가 되어 있었고, 금은 세공사들과 값비싼 고급 보석 세공사들은 눈코 뜰 새 없이 바빴다.

1620년대에는 화려한 색깔의 튤립이 특히 값지게 여겨져 희귀한 알뿌리가 매우 비싼 값으로 매매되었다. 그 열풍은 점점 번져 1623년에는 진기한 품종의 알뿌리 하나에 수천 **플로린**이 지불되기도 하였다.

브레이킹이 원예가의 의지나 노력과는 전혀 무관하게 일어난다는 사실로 인해 튤립의 가격은 꾸준히 올랐다. 1633년 이전에는 튤립 매매가 직업적인 재배가와 전문가에 국한되어 이루어졌으나, 가격이 꾸준히 오르자 그 이후에는 평범한 중산층이나 심지어 가난한 가구들까지도 튤립에 투기를 하게 되었다. 희귀한 변종을 사들였다가 엄청난 가격으로 되팔아 재산을 늘리기 위함이었다. 이런 투기열은 3년 간이나 이어지다가 1637년 튤립의 가격 구조가 붕괴되면서 사라졌는데, 이렇게 과도한 투기열을 보이던 이 시기는 훗날 '튤립의 광기 시대'라 불리게 된다.

튤립에 대한 집착은 마치 전염병처럼 퍼져서 사람들을 미친 듯이 열광하게 만들었다. 알뿌리는 특설 시장을 비롯하여 술집, 여관, 상점 등 가릴 것 없이 가는 곳마다 거래되었다. 그 거래 방식은 주식 거래소라든가 면화 거래소에서의 그것과 매우 비슷하였다. 거래자들은 알뿌리의 값이 오르고 내리는 순간을 노려서 투기하였으며, 동시에 품종의 값을 변동시키기 위해 무슨 짓이든 서슴지 않았다.

예를 들어 한 상인이 어떤 품종의 알뿌리를 하나도 남김없이 헐값으로 몽땅 사서 독차지한 뒤 한동안 보관하며 팔지 않으면, 더 이상 시장에서 살 수 없게 된 그 품종에 희소가치가 붙어 값이 오른다. 그러면 상인이 그 알뿌리를 조금씩 내다가 비싼 값으로 파는 식이었다. 이 상인은 알뿌리의 매점매석으로 시장 조작과 가격 조작을 한 셈이었다.

이 같은 사태는 더욱 고약한 양상으로 변하여, 투기꾼들은 투기 자체에만 신경을 쓸 뿐 정작 알뿌리가 어떤 상태인지는 관심도 두지 않게 되어 가는 상황이었다. 이를 간략히 설명하자면 다음과 같은 방식이었던 것이다.

얀 환 트럼프는 코르넬리스 드 위트에게 1개월 뒤에 어떤 품종의 알뿌리 한 개를 4,000플로린에 넘겨 달라고 예약한다. 1개월 동안에 여느 사람들 사이에서 거래가 이루어지므로, 이 품종의 알뿌리 값은 같은 금액이거나 오르든지 내리든지 어느 하나일 것이다. 1개월이 지났을 때 그것이 5,000플로린으로 올랐다고 가정하자. 그러면 사는 사람인 트럼프 씨는 값이 오르는 쪽에 걸어서 이긴 셈이 된다. 따라서 파는 사람인 위트 씨는 현물의 알뿌리를 넘겨주는 대신 5,000플로린에서 내기로 건 4,000플로린을 뺀 1,000플로린을 트럼프 씨에게 지불해야 한다.

밀어닥친 파산

수백만 명의 사람들이 이런 식의 도박을 하였다. 부호들은 값비싼 알뿌리에, 빈한한 사람들은 싸구려 알뿌리에 재산을 걸었다. 그런 와중에 튤립의 종말은 예고도 없이 시작되었다.

어떤 알뿌리의 값이 1,250플로린에서 1,000플로린으로 하락했다는 소식이 전해지더니, 삽시간에 소문이 꼬리를 물고 퍼져 나갔다. 일대 공황이 일어나고 그 날이 채 지나기 전에 모든 알뿌리의 값이 폭락하고 말았다. 그 틈바구니 속에서 몇백 만 명이라는 투기꾼들은 거의 파산할 지경에 이르렀다.

3주 뒤, 네덜란드 주요 도시의 대표자들이 모여서 위기를 모면할 수단을 강구하였다. 그 결과 그들은 11월 말까지 계약된 거래만 모두 청산하고 그 이후의 계약은 일체 무시하기로 결론을 냈다.

하지만 이 같은 결론을 받아들이려는 사람은 거의 없었다. 급기야 네덜란드 정부가 개입해 알뿌리를 팔 사람은 누구나 어떤 값으로든 자신의 저장품 모두를 매각해도 좋다고 결정지었다. 알뿌리를 산 사람은 판 사람에게, 자신이 이번에 팔아서 손에 넣은 금액과 전에 그것을 살 때 지불한 차액을 요구할 수 있었다.

이것은 튤립 알뿌리의 기괴한 상거래가 숱한 사람들의 파산 사태와 더불어 폐막됨을 뜻하였다. 실제로 네덜란드의 상업 활동 전체는 그 뒤 한동안 극히 위태로운 상태에 처해 있었던 것이다.

튤립을 먹고 감옥에 간 선원

이 시기와 관련해서 재미있는 이야기가 몇 가지 전해지고 있다. 그 하나는 양파를 유난히 좋아했던 네덜란드의 선원을 주인공으로 삼고 있다. 바다를 떠돌아다니느라 세상 물정에 어두웠던 이 선원은 튤립의 알뿌리가 값비싼 것이리라고는 꿈에도 짐작하지 못했다.

어느 상인 하나가 고이 간직했던 알뿌리 몇 개를 사람들의 눈에 잘 띄는 상점의 카운터에 얹어 놓았다. 알뿌리 옆에는 터키에서 수입한 진귀한 상품들이 진열되어 있었다.

어느 날 한 척의 배가 항구에 들어왔다. 그 상인에게 넘겨 줄 비단과 우단을 싣고 온 배였다. 선원이 상점으로 가 물품이 도착한 사실을 알리자, 상인은 수고비조로 맛있게 구운 청어를 주었다. 선원은 그에게 감사의 말을 늘어놓다가 우연히 카운터 위에 놓여 있는 알뿌리를 보게 되었다.

여러 값진 상품 사이에 놓여 있는 알뿌리는 선원의 눈에는 어울리지 않는 장소에 자리를 차지하고 있는 양파로 보였다. 그는 상인의 아내가 무심코 양파를 거기 잠깐 놓아 두고는 깜빡 잊어버린 것이라 생각하고는 상인이 잠시 한눈을 파는 사이 양파를 슬쩍 호주머니에 집어넣었다. 상점을 나가 해변의 암벽에 이른 선원은 구운 청어와 양파를 꺼내 맛있게 먹기 시작하였다.

선원이 나간 직후 상인은 귀중한 '셈페르 아우구스투스'의 알뿌리가 사라졌다는 사실을 알게 되었다. 그는 그 알뿌리의 값을 3,000플로린으로 매겨 놓고 있었다. 상인은 미친 듯이 법석을 떨며 그 보물을 찾아보았으나 알뿌리의 행방은 묘연했다. 가게 안을 이 잡듯 샅샅이 뒤져봤지만 헛수고였다. 그 때 점원 중 하나가 선원이 왔다 간 사실을 기억해 냈다.

상인과 점원들은 즉시 부두로 달려갔다. 그들은 그 곳에서 예의 그 선원이 둥그렇게 감은 로프에 느긋하게 등을 기대고 앉아 구운 청어와 함께 알뿌리의 마지막 조각을 씹고 있는 현장을 목격했다.

이 불운한 선원은 자신이 몇 해 동안 벌어야 갚을 수 있는 값비싼 식사를 한 죄로 몇 달 동안을 감옥에 갇혀 지내야 했다.

튤립인가 양파인가

진기한 식물의 역사를 조사한 샤를르 드 레클뤼스(Charles de L'Ecluse, 1526년~1609년)도 튤립의 광기 시대 직전인 1601년에 지은 책에서 튤립의 알뿌리를 양파로 오인한 어느 상인의 이야기를 적고 있다. 지은이는 거기서 만일 또 한 사나이가 약삭빠르게 행동하지 않았더라면 튤립 재배는 상당히 늦어졌을지도 모른다고 말했는데, 그 사연은 다음과 같다.

안트베르펜의 어느 상인이 이스탄불에서 보내 온 포목과 더불어 튤립의 알뿌리 몇 개를 받았는데, 그는 이것을 양파로 착각해 그 일부를 기름과 식초에 담가서 삶아 먹고 말았다. 그리고 남은 알뿌리는 마당의 양배추와 다른 야채들 사이에 묻어 버렸는데, 물도 주지 않고 내버려 두었더니 얼마 지나지 않아 모두 말라 죽을 지경이 되고 말았다.
그런데 원예에 열성이 대단한 한 사나이가 이 죽어 가는 알뿌리를 파내서 가꾸어 보았다. 다행히 그의 정성은 결실을 보아, 그 뒤 우리는 매혹적인 변이로 우리의 눈을 이토록 즐겁게 해 주는 튤립을 볼 수 있게 된 것이다.

튤립의 알뿌리와 양파—양파도 알뿌리이다—는 언뜻 보기에 별

차이가 없어 보인다. 튤립의 알뿌리는 보통 크기의 양파보다는 조금
작고 겉에 다갈색의 종이 같은 껍질이 한 겹 덮여 있으며 잎맥은 거의
없다.

이와 달리 양파는 엷은 종이 같은 껍질이 몇 겹으로 겹쳐져 있고 잎
맥이 뚜렷이 보인다. 게다가 대개의 양파에는 꼭대기에 줄기가 붙어
있던 자국이 있지만, 튤립의 줄기는 완전히 없어져 흔적이 안 보인다.

튤립의 알뿌리 역시 양파처럼 먹을 수 있다. 실제로 어떤 품종의 알
뿌리는 아득한 예부터 페르시아, 아프가니스탄 등 일부 지방 주민들이
식용으로 삼아 오기도 했다.

뒤마(Dumas)의 《검은 튤립》에는 유명한 튤립 재배가(栽培家)가 가정부
에게 스튜에는 절대로 양파를 넣지 말라고 지시하는 장면이 나온다.
그 튤립 재배가는 가정부가 양파와 튤립의 알뿌리를 구별하지 못하고
자신의 귀중한 튤립을 스튜에 넣을까 봐 걱정이었던 것이다.

05

콩에 얽힌 기담

콩 과   피 타 고 라 스 의   죽 음

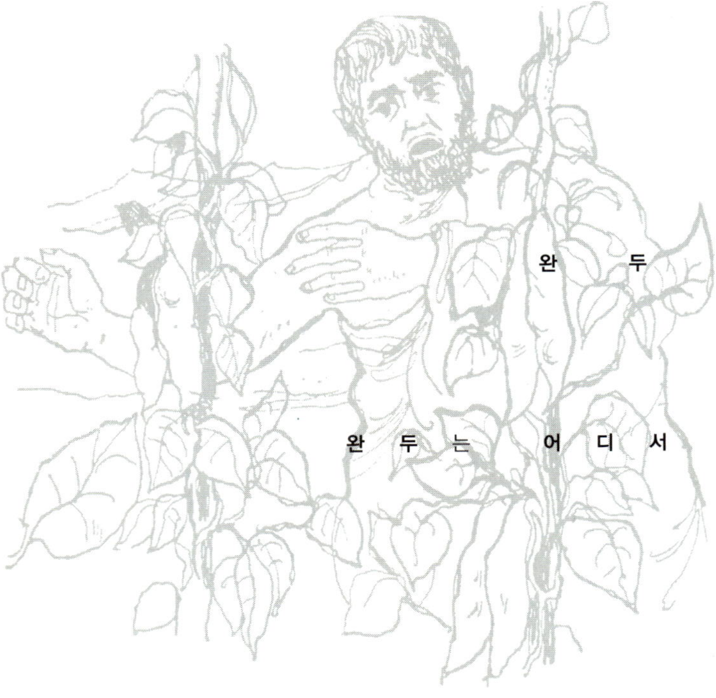

완 두 의   기 적

완 두 는   어 디 서   왔 을 까 ?

　　　　　콩에는 오랜 역사가 있고, 여러 지역의 고대
문명에서 그 풍습에 얽힌 신비의 의식 또는 미신 등에서 여러 구실을
하여 왔다. 그 가운데 특히 재미있는 것은 고대 로마의 가족 종교적 의
식이다.

　로마 인들은 사람이 죽으면 그 사람의 혼이나 넋은 신이 된다고 믿
었다. 그래서 각 가정에서는 유명을 달리한 혈연 또는 친척의 망령(亡
靈)을 모셨는데, 그 가운데에는 '라르'라는 가정의 수호신도 있었고,
'레무레스'라는 사악하고 무서운 망령도 있었다.

　로마 인들은 레무레스들이 밤이 되면 기괴하고 무서운 모습으로 친
척들을 찾아가 해를 입힌다고 생각했다. 그래서 매년 5월 9, 11, 13일
에는 각 집안의 가장들이 한밤중에 일어나 손을 깨끗이 씻고 귀신이
줍도록 검은 콩을 뿌리며 그들이 떠나기를 간청하는 의식을 치렀다.

　이러한 종교 의식은 한밤중에 집안에서 거행되었고, 스스럼없는 가
족들만 참석하였다. 예수가 살아 있던 무렵에 활약한 라틴 시인 오비
디우스(Naso Publius Ovidius, 기원전 43년~기원전 17년경)는 이 의식을 다음과 같이
묘사하고 있다.

한밤중이 왔으니 침묵을 잠에 맡기노라. 그대 개들이여, 그대 여러 새들이여, 모두가 쥐죽은 듯 고요해지노라. 이 시각에 여러 신들을 두려워하는 예배자들은 일어나도다. 그는 두 발에 샌들을 신지 않고, 잠자코 있다가는 악령이 그와 부딪칠까 봐 손짓으로 소리 낸다. 샘물로 손을 씻은 뒤, 검은 콩 몇 알을 손에 쥔다. 얼굴을 돌린 채 콩을 등 뒤로 던지면서 말한다.

"자 이것을 바치나이다. 이 콩을 몸값으로 삼아, 저는 저 자신과 가족을 속죄하나이다."

그는 아홉 번 이것을 외우는 동안 뒤를 돌아보지 않는다. 악령이 콩을 주워 모으며 뒤따라오기 때문이다. 아홉 번째 외침이 끝나면 그는 이렇게 말한다.

"아버지의 망령이시여, 떠나 주소서."

그는 뒤를 본다. 악령은 이미 없다. 의식은 끝난다.

피타고라스의 전생설

고대 이집트의 승려들은 콩에 대해서 이와는 전혀 다른 태도를 취하고 있었다. 그들은 모든 콩을 부정하게 여겨 눈으로 보는 것조차 기피하였다.

이와 같은 관념은 고대 철학자 피타고라스(Pythagoras, 기원전 582년~기원전

497년경)를 통해 그리스로 전파되었다. 기원전 6세기경에 태어난 피타고라스는 시리아, 레바논, 이집트 등 여러 지역을 다니며 학문을 닦았는데, 한때 이집트의 승려 밑에서 수학하며 그 영향을 크게 받았다.

그리스로 돌아가자 피타고라스는 크로톤에 도덕·정치 아카데미를 세우고 자신의 학파를 창설하기에 이르렀다.

제자들에 대한 그의 가르침은 대단히 엄격하였다. 제자들은 피타고라스의 가르침을 일방적으로 받아들여야 했고, 수학한 지 5년이 지나서야 겨우 질문을 할 수 있었다. 그 뒤 좀더 높은 단계에 이르면, 그들은 자신들이 생각한 것을 모두 '공유화(共有化)'하였으며 그 모든 내용은 비밀에 부쳐야 했다. 이렇게 피타고라스의 학교—일종의 결사(結社)—는 하나님과 인간이 영혼에 대한 관념을 비롯한 물리학·정치학·신학 일반에 관한 견해를 집성한 것이었다.

피타고라스의 이름은 지금도 기하학의 유명한 두 가지의 정리로 기억되고 있다. 그 하나는 '직각삼각형의 빗변의 제곱은 다른 두 변의 제곱의 합과 같다.'는 정리이며 또 하나는 '삼각형의 세 각의 합은 이직각과 같다.'는 정리이다. 그는 또한 곱셈에서 쓰이는 구구법을 발명했다고도 전해진다.

몇몇 고대 저술가가 전하는 바에 따르면, 피타고라스는 이 두 가지의 정리를 매우 자랑 삼았다고 한다. 그는 하나님이 베풀어주신 영감(靈感) 덕택으로 그것을 착상한 점에 감사하며, **헤커툼**을 바쳤다고 한다.

그러나 키케로(Marcus Tullius Cicero, 기원전 106년~기원전 43년)는 이 사실에 대해 회의적인 반응을 보였다. 동물을 희생물로 바치는 것은 피타고라스의 사상과 일치하지 않았기 때문이다. 사실 피타고라스 자신이나 제자들은 모두 엄격한 채식주의자였던 것이다.

그가 육식을 거부한 까닭은, 그 시절의 많은 사람들과 마찬가지로 인간이 죽으면 그 영혼은 다른 육신에 깃든다고 믿었기 때문이었다. 새로운 육신은 갓 태어난 어린아이일 수도 있고, 인간 이외의 어떤 동물일 수도 있었다. 여하튼 그는 이렇게 영혼은 죽지 않고 영생한다고 믿었다.

다음의 에피소드는 이와 같은 영혼의 전생(轉生)이라는 그의 신앙을 예시하는 것인데, 당시에 이를 우스꽝스럽게 여기거나 믿지 못하겠다며 부정한 이는 아마 하나도 없었을 것이다.

어느 날 피타고라스는 길을 가다가 한 마리의 강아지가 매를 맞고 있는 모습을 보았다. 강아지를 가엾게 여긴 그는 이렇게 외쳤다.

"그만두시오! 그 개를 더 때리지 마시오. 그 녀석은 내 친구의 영혼이란 말이오. 나는 목소리로 친구를 알 수 있단 말이오."

콩과 피타고라스의 죽음

피타고라스는 인간의 영혼이 다른 인간이나 동물의 몸에 들어간다고 믿어 제자들에게 동물의 고기를 먹지 말라고 당부했다. 하지만 이렇게 엄격한 채식주의자였던 그도 절대 먹지 않는 야채가 있었으니 바로 콩이었다. 그는 제자들에게도 콩을 먹지 말라고 명했는데, 그 이유 또한 영혼의 전생이라는 그의 신앙과 관계가 있다.

그는 사람이 죽으면 그 영혼이 일단 콩 속으로 들어갔다가, 다시 살 수 있는 집으로 옮겨 들어가기까지—즉 어떤 인간이나 동물의 육체가 그 영혼을 받아들일 준비가 될 때까지—잠시 그 곳에 머문다고 여겼던 것이다.

이런 이야기를 맨 처음 발설한 것은 아무래도 기교가 탁월하고 유머가 풍부했던 대시인 호라티우스(Flaccus Quintus Horatius, 기원전 65년~기원전 8년)였던 것 같다. 호라티우스는 피타고라스의 그 같은 신앙에 대해 콩이야말로 영혼의 휴게소로 알맞은 곳이라며 비꼬아 댔다.

한편 루키아노스(Loukianos, 120년경~180년경)도 그의 희곡 〈생명의 경매〉에서 피타고라스와 콩에 대해 언급하고 있다.

희곡의 등장인물 하나가 피타고라스에게 묻는다.

"귀하는 왜 콩을 잡숫지 않으시오? 싫어하시오?"

그러자 피타고라스는 이렇게 대답한다.

"아니, 그렇지는 않소. 하지만 콩은 신성하며, 그 본질은 헤아릴 수 없이 미묘하고 불가사의하다오. 콩을 삶아서 며칠 동안 달빛에 쐬면 피로 변해요. 그뿐만이 아니오. 아테네 사람들은 시의 관리를 콩으로 선출하기도 하지요."

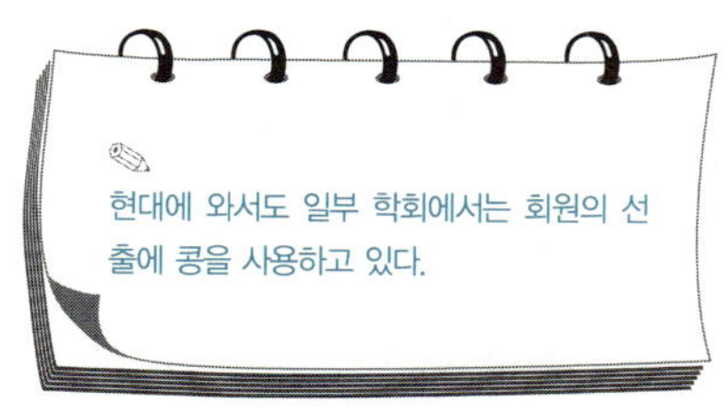

당시 아테네의 관리들은 콩을 사용하는 투표로 선출되었다. 선거인들은 각각 콩 한 알씩을 칸막이된 선거함의 가(可)와 부(否)의 각 칸에 갈라 넣어 투표하였다 ■.

그러고 보면 피타고라스가 제자들에게 콩을 먹지 말라고 한 것은, 선거에 참여하지 말 것—다시 말하면 정치적인 일에 손을 대어서는 안 된다—을 강조하고 싶었던 것이라고 해석할 수도 있을 것 같다.

그러나 다시 생각하면 이 해석을 순순히 받아들이기 또한 어렵다. 피타고라스나 그의 제자들이 실제로 정치에 참여한 적이 있는데다가 피타고라스가 정치 참여로 인해 죽음을 맞았을 가능성도 배제할 수 없기 때문이다.

피타고라스의 정적이 권력을 장악하자 대거 폭동이 일어났다. 피타고라스와 그의 제자들은 폭동을 피해 집 안에 숨어들어가 있었다. 그런데 과거 피타고라스 학파 입문을 거절당했던 한 사나이가 앙심을 품고 그의 집에 불을 질러 버렸다.

피타고라스는 겨우 불길을 헤치고 빠져 나와 도망치다 콩밭에 이르렀는데 그토록 긴박한 생사의 갈림길에서도 콩을 밟으려 하지 않았다. 그는 콩밭 앞에 걸음을 멈추고 밭을 돌아서 갈 수 있는 방법을 찾아 두

리번거렸다. 그 틈에 불을 지른 사나이가 따라붙었고, 피타고라스는
그에게 잡혀 그만 목숨을 잃고 말았다.

　피타고라스의 죽음에 관해서는 여러 가지 이설이 있으며, 이 비화
또한 한 예에 지나지 않는다고 보아야 할 것이다. 피타고라스 만년에
그와 대립한 정당이 그에게 격렬한 적개심을 나타낸 끝에 그 제자들의
집회소를 몇 군데나 불태웠고, 또 결사(학교)의 지도자들을 다수 살해한
사실은 틀림이 없지만 그런 소요 속에서 피타고라스도 죽임을 당한 것
인지 뒷날 자연사한 것인지 정확하게 알 수 없기 때문이다.

　고대의 가난한 사람들은 여러 가지 종류의 콩을 재배하여 식용으로

삼아 왔지만 피타고라스와 이집트의 승려들은 콩을 부정한 것으로 간
주하였다. 그리하여 그 뒤 몇 세기 동안이나 일부 국민들까지도 콩을
기피하고 푸대접했다. 사랑스러운 흰콩의 꽃에 붙어 자라는 검은 점을
마치 불길한 죽음의 표시 또는 결코 먹을 수 없는 것임을 알려 주는 표
식쯤으로 여겼던 것이다. 그러나 한편 19세기의 귀부인들은 곧잘 콩꽃
을 머리 장식용으로 쓰기도 했다.

완두의 기적

　완두는 여느 콩처럼 재미있는 역사를 가지고 있지 않지만, 흔히 '튜
더 왕조(Tudors, 1485년~1603년)시대의 기적'이라고 불리는 사건에서 중요
한 역할을 하였다. 이 기적의 무대는 영국 서퍽(Suffolk)에 있는 알데버러
라는 조그만 마을이었다.

슬로든의 골짜기 속, 동쪽으로는 바다의 파도가 출렁거리고 서쪽은 냇
물이 적셔 주는 쾌적한 자리에 알데버러 마을이 있다. 알데버러는 '오
래 된 자치촌' 또는 '알드 강가의 자치촌'을 의미한다. 그 곳은 뱃사람
과 어부들을 위해 만들어진 매우 편리한 선착장이 있어서, 그 때문인
지 유난히 인구가 많다. 바다는 이 해안의 다른 촌락에 대해서는 매우
불친절하지만, 이상하게도 알데버러만은 매우 편애하는 듯하다.

기적이 일어난 것은 1555년 가을, 메리 1세(Mary I, 1516년~1558년)가 잉글랜드 왕으로 즉위한 지 2년 정도 지난 시점이었다.

그 해에는 이상 기후 때문에 잉글랜드 땅 전역에서 곡물이 모두 이삭인 채 말라 죽는 등 온 나라 안에 가뭄이 들었는데, 그 가운데 특히 서퍽이 유난스러웠다. 가뭄으로 기근이 심해지자 알데버러와 인근의 가난한 농민들은 도토리와 꾸지뽕나무 열매를 씹으며 굶주림을 달래는 처지가 되었다. 엎친 데 덮친 격으로 듣지도 보지도 못했던 기묘한 열병이 돌아서 많은 사람들이 죽어 나가기까지 했다.

16세기 설화(說話)에서는 가뭄으로 고통 받는 빈민들에게 기적처럼 다가온 구원의 손길을 이렇게 서술하고 있다.

8월, 서퍽 해안의 황량한 갯벌, 돌멩이와 자갈만 있을 뿐 풀 한 포기 자라지 않고 흙이라곤 조금도 보이지 않는 척박한 땅에, 아무도 일구지 않고 씨를 뿌리지도 않았는데 갑자기 수많은 완두의 싹이 텄다. 이 식물은 돌멩이와 자갈 틈에서 자란 뿌리를 두 **발** 이상이나 뻗고 물푸레나무의 날개가 달린 열매처럼 술에 모인 열매를 맺었다. 열매는 밭에서 자라는 완두보다 작았지만 먹어 보니 맛이 썩 괜찮았다. 그것은 여태껏 이 고장에서 볼 수 있었던 완두와는 전혀 다른 모양이었다.

저마다 열심히 콩을 모아 보니 900ℓ 이상이나 되었다. 그러고도 익은 것과 꽃이 피어 있는 것이 퍽 많이 남아 있었다.

이 기적의 소문은 삽시간에 퍼져, 노리치(Norwich)의 주교와 윌로비 경을
비롯한 많은 사람들이 이 딱딱한 암석 밭의 기적 같은 수확을 보러 찾
아왔다. 돌덩이는 완두의 뿌리 밑에 두텁게 깔려 있었고, 완두의 뿌리
는 크고 길며 매우 달착지근했다.

이처럼 완두의 기적으로 기근에 시달리던 많은 사람들이 목숨을 잇
게 되었던 것이다.
한편 또다른 전설도 있다.

알데버러의 영주가 완두의 기적이 일어나기 몇 해 전에 주민들과 땅을 두고 싸움을 벌었다. 마을 사람들이 일구고 있던 땅을 영주는 자기 소유라고 주장했고 주민들은 공유지라고 팽팽하게 맞선 것이었다. 그러다 훗날 기근이 들었을 때 완두라는 하늘이 내려 주신 선물이 홀연히 나타나자, 영주는 묵은 원한을 갚을 좋은 기회라고 여기고 수확물 전체를 태워 버렸다. 그 때문에 마을 사람들은 먹을 것을 얻지 못해 굶어 죽고 말았다.

완두는 어디서 왔을까?

이 이야기의 일부는 진실인지도 모른다. 기록에 따르면 1555년에는 잉글랜드 땅 전역이 흉작이었고, 엘리자베스 여왕 시대의 의사 불레인(Bulleyn) 박사도 그 불모의 땅에 자란 완두를 목격했다며 다음과 같은 글을 남겼다.

이 완두가 난파한 배에서 흘러나온 씨가 뿌리를 내린 것인지, 기적의 힘으로 태어나 자란 것인지 나로서는 판별할 수 없다. 그러나 설사 씨가 뿌려졌다 할지라도 그것은 사람의 손으로 한 일은 아니었을 것이다.

그리고 반 세기 뒤, 다른 저술가는 다음과 같은 자연스러운 설명을 덧붙였다.

이 완두는 그 해에 그토록 갑자기 많이 자라서 여러 빈민들에게 혜택을 베풀었지만, 그보다 훨씬 전부터 그 곳에서 자라고 있었을 것으로 추측된다. 굶주림이 빈민들로 하여금 완두에 눈을 돌리게 하였고, 그리하여 그 때까지 발견되지 않았던 것이 발견된 것뿐이다. 우리 나라 사람들은 일반적으로 관찰력이 매우 둔한데다가 이런 식물을 찾아 내는 데에는 유난히 더했던 것이다.

여하튼 이 기적의 식물은 오늘날 갯완두로 불리고 있으며, 잉글랜드 동쪽 해안의 자갈밭에 나 있지만 어디에서건 그다지 많이 자라지는 않는다.

한편 어느 저술가는 주민들이 가뭄이 들기 한두 해 전에 해안 가까이에서 배가 난파한 것을 보았다며 그 때 해안에 표류한 완두의 씨앗들이 많은 완두를 싹틔운 것으로 믿고 있다고 했고, 또다른 저술가는 이렇게 말했다.

갯완두는 어느 곳에서도 재배되지 않는다. 이 콩은 몇백 년이나 전부터 이미 그 곳에 뿌리내리고 있었음이 분명한 것 같다. 하지만 너무 쓰고 맛이 없어서 아무도 거들떠보지 않다가, 황량한 갯벌에 야생하는 잡초라도 먹을 만큼 절박해졌을 때에야 갯완두에 생각이 미쳤던 것이다.

　　앞서 말한 '악랄한 영주' 전설에 관한 단 하나의 논증은, 윌러비 경이 가뭄이 있기 몇 해 전에 이 고장의 주민을 상대로 **스타챔버**에 소송을 제기했다는 사실이다. 아마 이런 행위들이 그가 악랄하게도 수확한 완두콩을 모두 없애 버리도록 했다는 전설을 만든 것 같다.

06

애플파이와 열의 전도

온 천 에 서 의 실 험

열 의 '대 류'를 발 견 하 다

럼 퍼 드 의 생 애

18세기 말엽 럼퍼드(Rumford Benjamin Thompson, 1753년~1814년, 미국 태생 영국의 물리학자)는 애플파이를 먹다가 입을 덴 경험을 통해 열의 '대류' 현상을 발견하였다. 그는 열에 대한 끊임없는 연구를 통해 열이 물질의 한 형태가 아니라 에너지의 한 형태라는 현대 이론의 기초를 확립했다.

온천에서의 실험

럼퍼드는 평소 세심한 관찰을 통해 조리된 음식물 가운데 식탁에 오른 뒤 오랫동안 뜨거움을 유지하는 것이 있다는 사실을 알고 있었다. 예를 들면 아몬드를 곁들인 애플파이 같은 음식처럼.

럼퍼드는 사과가 그렇게 오랫동안 열을 보존하는 성질이 있다는 점에 놀라움을 금치 못했다.

'애플파이를 먹다가 입을 덴 나는, 나 말고도 똑같은 일을 당한 사람들이 있다는 사실을 알고 이 놀라운 현상을 과학적으로 설명할 수 있는 방법을 찾으려 애썼으나 헛수고였다.'

그는 '그와 유사한 사고'라고 이름 붙인 이런 종류의 몇 가지 기묘한 일들을 다음과 같이 기록해 두었다.

언젠가 난로를 땐 따뜻한 방 안에서 실험을 하고 있었다. 끼니때가 되어 하인이 진한 쌀 수프를 한 컵 가지고 들어왔는데, 너무 뜨거워 손을 댈 수가 없었다. 나는 컵을 난로 위에 놓고 가라고 이르고는 한 시간쯤 지나서 수프를 한 스푼 떠서 먹었다. 수프는 퍽 진했고 먹기 차가울 정도로 느껴졌다. 나는 이어서 무심코 스푼을 깊이 넣어 떠먹었는데, 이 두 번째 스푼에 입 안을 데고 말았다. 이 사고는 12년 전에 내가 여러 차례 경험한, 아몬드를 곁들인 애플파이를 먹다가 입을 덴 사고를 생각나게 하였다.

기록에는 1794년 나폴리 온천에서의 경험도 있었다.

온천의 암석 틈에서는 뜨거운 증기가 뿜어져 나오고 있었고 지면에서도 증기가 솟아오르고 있었다. 온천 부근의 해안에 나갔을 때, 나는 손을 물 속에 넣어 보았다. 물은 차가웠다. 하지만 손끝을 더 깊이 바닥의 모래 속으로 찔러 넣어 보았더니 견딜 수 없이 뜨거웠다. 깊이는 불과 6~7cm밖에 차이나지 않았지만 온도는 엄청난 차이가 있었다. 그때까지 물은 열의 전도력이 크다고 여겨지고 있었는데, 그런 생각과 나의 이 관찰을 양립시킬 수는 없었다. 이에 이르러 나는 비로소 물의

애플파이를
먹다가 입을 덴
럼퍼드

열전도를 의심하기 시작한 것이다.

럼퍼드는 우연히 경험한 이 세 가지의 사건을 고찰했다.

뜨거운 애플파이는 겉은 차가워지고도 속으로는 오랫동안 열을 간직하고 있었다. 애플파이의 즙이 열의 도체라면 그런 일이 일어날 수 있었을까? 만약 그렇다면 열은 애플파이의 즙을 통해 표면까지 전도되고, 그 뒤에 차가운 공기 속에서 식어 없어져야 할 것 아닌가.

난로 위에 얹어 놓은 쌀 수프 또한 표면은 차가운데 속은 몹시 뜨거웠다. 왜 수프의 밑바닥에서 올라온 열이 수프의 표면까지 전도되지 않은 것일까?

엄청나게 뜨거운 모래 위를 흐르고 있는 바닷물의 표면 역시 차가웠다. 그것은 모래 위로 솟구쳐 오르는 열이 7cm 깊이의 물을 통해 전도되지 않았기 때문 아닐까?

열의 '대류'를 발견하다

하지만 애플파이와 쌀 수프와 뜨거운 모래의 경험을 가지고도 럼퍼드는 또 하나의 우연한 사건이 그 기억을 되살려 주기까지 아무런 시도도 하지 않고 있었다.

어느 날 그는 직접 만든 온도계를 사용하여 실험을 하였다. 온도계의 동그란 구체(具體) 부분은 얇은 동판으로 만들었는데 그 지름은 약

10cm였다. 몸체는 투명하고 굵은 유리관으로, 이것을 구체에 꽂
아 넣어 액체가 새어 나오지 못하게끔 밀봉해 놓았다.

　럼퍼드는 이런 형태의 온도계를 몇 개 만들어 각각
종류가 다른 액체를 채워 넣었다. 그 중 하나에는 뜨겁
게 데운 **주정**을 부어 넣고 온도계를 창가에 놓아 식혔다.

　그런데 유난히 맑은 햇살 때문이었는지 럼퍼드의 눈에 액체
속에서 부지런히 움직이고 있는 수많은 작은 입자들이 들어왔다. 그는
입자들이 무엇이며 왜 움직이는지 고개를 갸웃거리며 생각에 잠겼다.
그러다 마침내 그 온도계의 구체가 유리관을 꽂기 전 2년 동안이나 방
치되어 있었다는 사실을 떠올렸다. 주둥이에 마개를 씌우지 않고 놓아
두었으니, 그 동안에 먼지가 들어가 있었을 수밖에! 주정 속에서 활발
히 올라갔다 내려갔다 하며 움직이고 있는 숱한 입자들은 바로 그 먼
지임이 분명하였다.

　럼퍼드는 렌즈를 통해서 그 입자의 운동을 자세히 관찰하였다. 그
결과 올라가는 입자는 유리관 속의 중심부를 거쳐 올라가지만, 내려오
는 입자는 모두 유리관의 측면 가까이로 내려온다는 점을 알아냈다.

　이 현상이 일어나는 까닭은 다음과 같은 실험을 통해 설명할 수 있
다.

먼저 빛깔이 있는 고체의 물질로 극히 작은 입자를 만들어서 물을 넣
은 비커의 밑바닥에 가라앉힌다. 비커 밑바닥의 정중앙 좁은 면적에만

열을 가하면 빛깔 있는 입자는 움직이기 시작하여 액체의 중앙부로 상
승하여 수면까지 이른다. 다음에 입자는 비커의 가장자리 쪽으로 이동
해서 측면 가까이를 통해 밑바닥까지 하강한다. 밑바닥에 이르면 다시
중앙부로 이동해서 수면으로 상승해 간다. 이렇듯 비커에 열을 가하면
빛깔 있는 입자가 비커 속을 오르락내리락하는 운동을 계속하게 된다.

럼퍼드는 온도계의 유리관 속에서 극히 작은 먼지의 입자가 오르내리는 현상을 우연히 관찰한 끝에 열의 이동에 관한 메커니즘을 밝히는 단서를 얻었다.

유체가 가열되어 온도가 높아지면 그 부분의 부피가 팽창하여 밀도가 낮아지기 때문에 위로 올라가게 되고, 대신 위에 있던 밀도가 큰 부분이 내려오게 된다. 이런 상하 순환 운동에 의해 열이 아래에서 위로, 그리고 다시 위에서 아래로 운반되는 현상을 열의 '대류(對流)'라고 하는 것이다.

럼퍼드가 대류를 발견하기 전까지 대개의 과학자들은 액체 속에서도 열은 고체 속에서와 마찬가지로 '전도(傳導)'라고 불리는 과정을 통해서 이동한다고 믿고 있었다. 쇠막대기의 한 끝을 가열하면, 그 부분의 입자가 뜨거워져서 이웃의 입자를 가열한다. 이렇게 열이 릴레이식으로 막대기의 끝에서 끝으로 전달되는데, 그 과정에서 입자 자체는 하나도 이동하지 않는다. 이것을 '열전도'라고 한다.

요컨대 럼퍼드의 관찰은 액체의 열 이동은 주로 전도가 아닌 대류에 의해 일어난다는 사실을 증명해 주었던 것이다.

럼퍼드의 생애

럼퍼드는 모험으로 가득 찬 파란만장한 생애를 보냈다.

미국에서 태어난 그는 1772년 사라 워커라는 부유한 미망인과 결혼하여 뉴햄프셔의 럼퍼드에서 살았다. 하지만 영국 황실에 충실했던 그는 미국의 독립 혁명 이후 간첩 노릇을 하다 1776년 아내와 딸을 남겨 둔 채, 홀로 영국으로 도망쳐야 했다. 몇 년 뒤 럼퍼드는 독일로 건너가서 1784년부터 1795년까지, 군인으로서 바이에른의 **선거후**를 받들어 일하였다. 선거후는 그의 두드러진 공적을 인정하여, 1791년 '신성 로마 제국 백작'의 지위를 새로 만들어 수여하였다. 그 뒤로 그는 럼퍼드 백작으로 불리게 되었다.

럼퍼드 백작은 군사적으로뿐만 아니라 정치적으로도 궁정에서 많은 업적을 쌓았지만, 무엇보다 과학 지식의 발달에 공헌한 바가 컸다. 1798년 다시 영국으로 돌아간 럼퍼드는 열에 대한 연구를 계속하는 한편 '왕립 연구소'의 창설을 위해 힘썼다. 왕립 연구소는 과학적 지식을 보급하여 실용화하기 위한 기관으로 1799년에 발족하였다.

이 뒤로 럼퍼드 백작은 왕립 연구소에서 과학 연구를 위해 여생을 바치다시피 하였다. 그는 열($熱$)이라는 테마를 독자적인 연구 대상으로 선택하고, 이를 여러 가지 측면으로 연구하였다. 그렇지만 과학적인 문제를 떠나 부엌의 설계라든가 식품의 조리와 난방 장치의 연료를 가장 경제적으로 사용하는 방법 등 일상 생활과 관련된 문제에도 관심이 많았는데 오늘날 영국에서 사용되는 난방 장치는 그의 독창적인 혜택을 입고 있다고 볼 수 있다.

그의 과학적 공적 가운데서 가장 큰 것은 열의 역학적 해석이었다. 그는 뮌헨에서 놋쇠를 깎아 대포를 만드는 일을 감독하던 중, **포신**을 만들기 위해 놋쇠를 깎는 과정에서 엄청난 열이 발생하여 줄곧 물을 뿌려 식히지 않으면 안 되는 현상과 직면했었다. 이 현상은 당시의 정통적인 학설에 따라, 열이란 무게가 없는 일종의 **유체**인데 금속이 깎여서 가루로 변할 때 유체가 방출되기 때문에 엄청난 열이 발생하는 것으로 해석되었다. 그러나 럼퍼드는 열량이 너무 많기 때문에 그런 해석이 들어맞지 않는다고 판단하였다. 결국 그는 놋쇠를 깎아 내는 운동을 통해 열이 발생하는 것으로 보고, 열은 운동의 한 형태라는 결론을 내렸던 것이다.

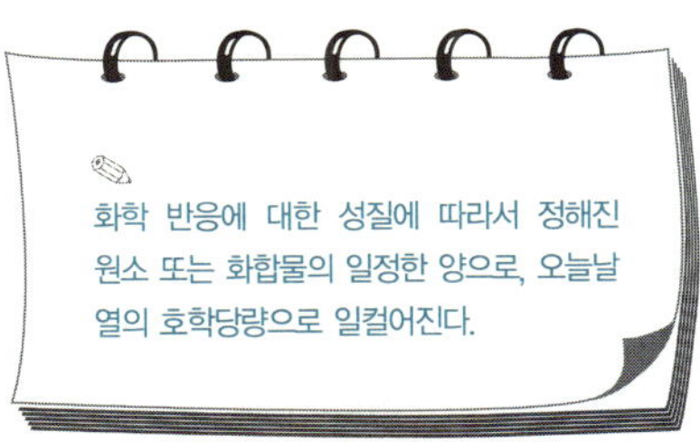

그는 또 어떤 분량의 역학적 작업이 얼마만큼의 열을 내는가■까지 계산하였다. 당시의 과학자들에게는 받아들여지지 않았지만, 1798년에 발표한 그의 이 연구는 오늘날 에너지의 개념과 열역학 제1법칙의 선구를 이루는 것으로 인정되고 있다.

07 최초의 병맥주

낙 시 꾼 의 수 난

썩 지 않 는 병 맥 주

거 대 산 업 으 로 발 전 한 병 맥 주

맥주는 보리를 싹틔워 만든 맥아로 맥아즙을 만들어 여과한 다음 이를 뜨거운 물에 담가 홉을 넣고 효모로 발효시켜 만든 음료이다. 맥주의 발효 과정에서는 거품을 일으키며 부글부글 끓어오르는 모습을 볼 수 있는데, 이는 액체 속에서 이산화탄소가 만들어지기 때문이다. 발효하는 동안 이산화탄소 외에 알코올도 만들어진다.

일찍부터 맥주를 만들 때 홉을 사용한 독일과 달리 영국에서는 홉을 사용하지 않고 맥주를 만들었다. 영국의 맥주 제조 방법은 처음과 크게 달라지지 않고 현대에까지 이어지고 있다.

맥주 만드는 법

홉은 맥주에 향기로운 쓴맛과 은은한 향을 더하고 보존성을 높여 준다. 원래 영국의 맥주는 홉을 넣지 않고 만들어 그 이름을 '에일(ale)'이라고 달리 불렀는데, 홉을 첨가한 뒤로 '비어(beer)'라고 부르게 되었다. 현재 영국에서는 에일이라는 명칭이 맥주와 동의어로 쓰이고 있다.

튜더 시대 초기에는 맥주를 보통 통에 넣어 저장했는데, 얼마 못 가서 변질되곤 했다. 특히 깨끗이 씻지 않은 통에 넣었을 때나 무더운 여름철에는 변질이 더욱 심했다. 맥주를 따르기 편하도록 마시기 직전에 가죽병에 넣기도 하였으나 병에 넣은 채 오래 놓아 두는 일은 거의 없었다.

낚시꾼의 수난

영국의 왕 헨리 8세(Henrry VIII, 1491년~1547년)는 영국의 종교 개혁을 단행한 왕이다. 형이 요절하자 어린 나이에 형수인 캐서린과 결혼했던 그는 매혹적인 귀족 앤 불린을 새 왕비로 맞았다. 그런데 교황이 이를 인정하지 않자 교황과 단절하고 1534년, 자신이 영국 교회의 수장임을 선언하는 '수장령(首長令, Acts of Supremacy)'을 선포하였다.

이에 서약한 성직자 가운데 에드먼드 보너(Edmund Bonner)라는 사람이 런던 프로테스탄트의 **비숍**으로 임명되었다. 그러나 에드워드 6세(Edward VI, 1537년~1553년)가 즉위하자, 그는 양심에 따라 종전의 서약을 번복하여 투옥되기에 이르렀다.

그 다음 군주는 메리 1세였다. 열렬한 가톨릭 신자였던 그녀 덕분에 보너는 석방되어 런던의 비숍으로 복직되었다. 메리 1세는 보너를 부섭정(副攝政)으로 임명하고 영국의 프로테스탄트를 뿌리뽑으라는 명을 내렸다. 그는 이 곤란한 과제에 대단한 열성으로 착수했으나 투옥이라는 처벌이 충분한 효과를 거두지 못한다는 것을 금세 깨달았다. 그리하여 1555년 '불과 장작'에 의한 숙청을 단행하였다. 이로 인해 3년 동안 숱한 프로테스탄트가 산 채로 불타 죽었고, 메리 여왕 또한 프로테스탄트들을 박해한 대가로 '피의 메리(Bloody Mary)'라 불리게 되었다.

한편 알렉산더 노웰은 열성적인 프로테스탄트의 목사로, 에드워드 6세 시대에는 영국 교회에서 높은 지위에 있었다. 그러나 메리 여왕은 초대 의회의 의원으로 선출된 그가 의석을 차지하지 못하도록 했을 뿐만 아니라 고위직에서도 추방시켜 버렸다.

사실 그는 영향력이 너무나 큰 인물이어서 오랫동안 보너의 눈을 벗어나 있을 수는 없었다. 그러던 어느 날, 한가로이 낚시를 하고 있을 때 끝내 그에게 수난이 닥쳐오고야 말았다.

노웰은 낚시를 매우 즐겨, 낚시의 기쁨과 기교를 노래한 고전적 목가시 《낚시의 명수: 명상적인 사람의 오락(The complete Angler, or the contemplative man's recreation)》를 쓴 아이작 월턴(Izaak Walton, 1593년~1683년)은 그를 가리켜 이렇게 말할 정도였다.

이 선량한 인물은 자기 시간의 10분의 1을 낚시로 보냈다. 낚시질하는 개천 가까이에 사는 가난한 사람들에게 자기가 번 돈의 10분의 1을 나

누어 주었을 뿐 아니라, 자신이 잡은 물고기도 아낌없이 그들에게 주
곤 했다. 또 한눈에 그가 낚시꾼임을 알 수 있는 자신의 초상화를 그리
게 해 놓고 매우 만족스러워했는데, 그 초상화를 흔쾌히 브라제노스
대학에 기부하여 지금까지도 소중히 보존되어 있는 것을 볼 수 있다.
초상화에서 그는 책상에 기대어 앉아 있고 앞에는 성경책이 놓여 있는
데, 한쪽에는 낚싯줄과 바늘을 비롯한 낚시 용구가 흩어져 있으며 또
한쪽에는 몇 종류나 되는 낚싯대가 나란히 놓여 있다.

문제의 그 날, 보너는 노웰을 체포하기로 결정했다. 노웰은 이런 사
실을 꿈에도 모른 채 언제나처럼 약간의 먹을 것과 맥주를 가지고 낚
시를 하러 나갔다. 맥주는 가지고 다니기 편리하게 병에 들어 있었다.
노웰의 친구인 런던의 상인 프란시스 바우어(Francis Bowyer: 뒷날 런던 시
장이 됨)는 주교인 보너가 그를 체포하려고 부하를 보낸 것을 알고는 부
랴부랴 노웰을 찾아 달려갔다. 이 사실에 대해 풀러(Thomas Fuller, 1608년
~1661년)는 '노웰이 물고기를 잡고 있을 때 보너는 그를 뒤쫓고 있었고,
곧 도살장으로 보내려고 했다.'고 적고 있다.
급보를 접한 노웰은 화형에 처해지지 않으려면 한시바삐 영국을 떠
나야 한다고 생각했다. 그는 그 자리에서 황급히 도망치느라 먹을 것
도, 병에 넣어 두었던 맥주도, 낚시 도구도 모두 풀숲에 놓아둔 채 떠
나고 말았다.
노웰은 그 길로 배를 타고 무사히 대륙으로 건너가 먼저 망명한 열

성적인 프로테스탄트들과 합류하였다. 그들은 독일에 자기들 방식대로 예배할 수 있는 조그만 거류 구역을 만들고 있었던 것이다.

썩지 않는 병맥주

1558년에 메리 여왕이 죽자, 노웰을 비롯한 프로테스탄트의 망명자들은 다시 영국으로 돌아갔다.

냇가의 풀숲에다 낚싯대를 놓아 둔 채 떠났던 것을 잊지 않고 있었던 노웰은 날을 잡아 자신이 그토록 좋아하던 그 낚시터에 가 보았다. 자신이 두고 간 낚싯대와 맥주병을 보고 그는 반색을 하며 병을 열었다.

풀러는 또한 '그는 그 곳에서 병이 아니라 총을 발견한 줄 알았다. 마개를 열자 총소리처럼 커다란 소리가 났던 것이다.'라는 기록도 남겼다.

병에 넣은 지 그토록 오랜 세월이 지났건만 오히려 맥주는 놀라운 맛을 보여 주었다. 이는 양조한 뒤에도 통이나 병 속에서 발효가 멈추지 않고 계속되는 맥주의 특성 때문인 듯했다.

병 속에서 생긴 가스가 밖으로 새어 나가지 못하니 안에서는 바깥의 대기압보다도 큰 압력이 생성된다. 따라서 가스의 대부분은 맥주 속으로 녹아들고 병마개를 따는 순간 맥주에 가해지는 압력은 대기압의 크

기 때문에 감소되므로, 녹아 있던 여분의 가스가 폭발하듯 격렬하게 솟구친 것이다.

그 맥주가 희한하도록 맛이 좋았던 것도 병이 밀폐되어 있는 동안에 여분의 가스가 녹아들어 있었기 때문이었다. 가스는 맥주에 얼마간 자극성이 있는 상큼한 맛을 더해 주었던 것이다.

노웰은 이 날의 경험을 살려서 병에 넣은 맥주를 일부러 몇 달씩 놓아 두었다가 마개를 따서 마셔 보았다. 그는 친구들에게도 이 병에 든 맥주를 대접했는데, 그들은 하나같이 그 맥주의 뛰어난 맛과 상쾌함을 만끽했다.

오늘날에는 병에 든 미네랄워터를 만들 때도 이산화탄소를 병 속에 강압적으로 넣어서 내부의 압력을 1기압보다 훨씬 크게 하고 있다. 따라서 병마개를 열면 가스는 달아나고 그 때 거품이 이는 것이다.

거대 산업으로 발전한 병맥주

맥주에 관한 노웰의 경험이 최초였던 것은 아니다. 그보다 몇 해 전에 독일 바이에른(Bayern)의 밤베르크(Bamberg) 교회의 비숍이 낚시를 하던 중에 불시에 닥친 괴한을 피하느라고 병에 든 맥주를 놓아 둔 채 달아났다. 그 뒤 1년쯤 지나서 다시 그 곳에 가 보았더니 병 속의 맥주가 기막히게 맛이 좋아져 있었던 것이다.

병에 든 맥주에 관한 이 두 이야기가 모두 실화라고 단언할 수는 없다. 그러나 손수 빚은 맥주를 병에 넣어서 한동안 보존하는 관습이 엘리자베스 여왕 시대에 있었다는 사실은 분명한 것 같다.

셰익스피어의 작품 〈십이야(Twelfth Night)〉에서 어느 선술집을 '병맥주의 집'이라고 일컫고 있으며, 벤 존슨(Ben Jonson, 1572년~1637년)의 〈바솔로뮤의 장날(Bartholomew fair)〉에서도 한 등장인물이 웨이터에게 맥주를 주문하는 장면이 나오는 것을 보면 말이다.

그렇다 하더라도 상품으로서 병맥주를 팔게 된 것은 튜더 시대보다 훨씬 뒤의 일이다. 어느 권위 있는 음식 문화 연구가는 상업적 규모의 병맥주가 처음 등장한 해를 1735년으로 잡고 있으며, 그것은 본디 엷은 빛깔의 에일을 인도로 수출하기 위해 시작되었다고 했다. 그 뒤 병맥주가 영국의 국내 산업으로서 크게 발전하여 생산이 활발해진 것은 1800년 무렵부터였다는 것이다.

이 책에 나온 등장인물들이에요! 1탄

영국의 모험가이자 작가이며, 아메리카 초기 식민지를 개척한 롤리

수학과 서구 합리철학의 발달에 기여한 피타고라스

압력 냄비를 발명하고 실린더와 피스톤으로 이루어진 증기 기관을 최초로 제안한 파팽

영국 왕립 학회의 회장을 지내며 과학 진흥에 많은 기여를 한 뱅크스

열이 물질이 아니라 운동의 한 형태라는 현대 이론의 기초를 확립한 럼퍼드

프랑스에서 감자의 아버지로 불리는 파르망티에

08 담배 이야기

담 배 의 약 효 와 니 코 틴 의 유 래

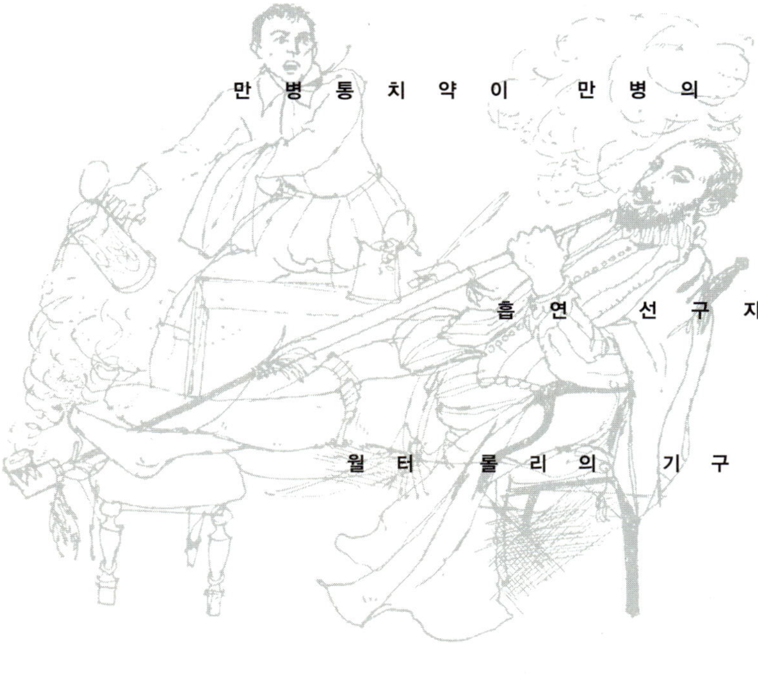

담 배 는 만 병 통 치 약

만 병 통 치 약 이 만 병 의 원 인

흡 연 선 구 자 들 의 수 난

월 터 롤 리 의 기 구 한 운 명

콜럼버스와 그의 뒤를 이은 항해자들이 서인도 제도를 탐험한 뒤로, 듣도 보도 못한 새로운 식물들이 유럽으로 반입되어 대대적인 흥분과 흥미를 불러일으켰다. 포르투갈의 수도 리스본에는 수많은 뱃사람과 모험가들이 모여들어 새로 발견된 식물에 관해서 기묘한 이야기들을 늘어놓곤 하였다.

그런 진문기담(珍聞奇譚) 가운데 하나에 따르면, 어느 인디언 추장은 극히 중요한 문제에 관해서 자문을 받았을 때 담배를 다음과 같이 사용했다 한다.

그는 담뱃잎을 몇 잎 집어서 불속에 던져 넣고 입으로 그 연기를 마셨다. 또 콧구멍에 사탕수수의 줄기를 꽂아 그 구멍으로도 연기를 들이마셨다. 연기를 마시고 나서 땅바닥에 엎드려 죽은 듯이 꼼짝하지 않다가 담배의 효험이 가시면 그는 되살아나 눈을 뜨고, 그 동안에 본 영상(映像)이라든가 환상(幻像)에 기초해서 사람들에게 해답을 주었다.

담배의 약효와 니코틴의 유래

1559년 장 니코(Jean Nicot, 1530년~1600년)는 포르투갈 주재의 프랑스 대사로 임명되었다. 그 무렵 담배는 리스본의 몇몇 정원에서 관상용으로만 재배되고 있었다.

리스본에 주재하는 동안, 니코는 아메리카 대륙으로부터 도입된 새로운 식물들에 대해서 깊은 흥미를 품게 되었다. 특히 프랑스로 보내면 좋을 식물을 주의 깊게 찾고 있었다.

그러던 어느 날 그가 국왕의 교도소를 방문했을 때, 한 교도관이 플로리다에서 산출한 기묘한 풀을 그에게 주었다. 니코는 이것을 관저의 마당에 심었고 풀은 성장하여 놀랍도록 많이 번식하였다.

얼마 뒤 그는 볼에 종기가 난 한 젊은이의 이야기를 들었다. 무섭게 커지던 종기 덩어리에 젊은이가 담뱃잎과 줄기를 짓이겨 즙을 발라 보았더니 증상이 희한하게도 가벼워졌다는 것이었다.

니코는 이 이야기에 매우 흥미를 느끼고 그 젊은이를 불러다가 날마다 종기에 담뱃잎을 바르게 하였다. 10일 정도 지난 뒤에 보니 종기는 완전히 나은 것 같았다. 니코는 신중을 기하고자, 그를 국왕의 시의(侍醫)에게 보내어 진찰을 받아 보게 하였다. 시의는 그 종기가 완전히 나았다고 자신 있게 말했다.

그런 일이 있고 얼마 지나지 않아 그의 대사관 요리사가 큰 부엌칼에 엄지손가락이 거의 잘려 나가는 깊은 상처를 입었다. 그 상처에도 담뱃잎을 짓이겨 발라 주었더니 거짓말처럼 치유되었다. 이 밖에도 발에 난 종기로 2년 동안이나 고생한 한 사나이와 얼굴에 백선이 가득했던 한 아낙네도 똑같은 방법으로 병을 치료했다.

니코는 이들을 지켜보며 담배의 치료 효과를 확신하게 되었다. 다만 그의 치료는 담배를 피우는 것이 아니라 외용약으로 쓰는 방법으로서, 담뱃잎을 짓이겨 붙이거나 다음과 같이 약을 만들어 바르는 것이었다.

담배를 자신의
정원에 심는 니코

새 잎을 약 500g 뜯어다가 여기에 새로 채취한 **밀**과 **수지** 및 일반 기름을 각기 85g씩 섞어서 빻는다. 이것을 끓여 즙이 졸아들면 테레빈 유(Terbin 油)를 첨가한 다음, 리넨(아마포)으로 걸러서 단지에 저장한다.

니코는 이 진묘한 풀의 효능을 전적으로 믿어 의심치 않았으므로, 재배법을 비롯하여 베거나 덴 상처 및 종기 등에 사용하는 방법을 기록해서 종자를 프랑스로 보냈다. 그가 이토록 담배에 깊은 관심을 기울인 때문에, 뒷날 담배에 포함된 독특한 성분을 그의 이름을 따서 '니코틴(nicotine)'이라고 부르게 된 것이다.

(담배는 만병통치약)

그로부터 얼마 지나지 않아 어떤 프랑스 인 하나가 말린 담뱃잎으로 코담배를 제조하였다. 인디언들의 흉내를 내어 담배를 파이프에 넣어서 피거나 엽궐련으로 피는 사람들도 생겨났다. 오락 또는 기호로서 담배를 피우는 사람도 있었지만, 담배에 건강을 증진시키는 힘이 있다고 믿어 일부러 피우는 이들도 있었다.

실제로 16세기 말엽에 담배는, 담뱃잎을 그대로 피우거나 **도포제**로 만들면 많은 질병을 고칠 수 있다는 평가를 받고 있었다.

길스 에버라드(Giles Everard)라는 영국인이 1587년에 라틴 어로 쓴 책의 표제—《파나케아 또는 만능약, 담배를 파이프로 피웠을 때의 불가사의한 효험과 의학 및 외과 의술에 있어서의 효능과 용도를 밝히는 것》—가 바로 그것을 입증하고 있다. 에버라드는 다음과 같이 기술하여 담배의 효능을 알리고 있다.

담배는 온갖 악성 역병(疫病), 특히 콜레라에 대한 놀라운 해독제로 여겨지고 있다. 아일랜드 인은 주로 뇌를 맑게 하기 위해서 코담배를 쓴다. 인디언은 피로를 회복하기 위해 황홀경에 빠져들 때까지 연기를 계속 마신다. 암스테르담의 어떤 사나이는 만병의 예방을 위해 담배를 씹으며, 메추라기고기나 꿩고기보다도 즐기고 있다. 그 가운데에서도 일반적인 파이프로 피워서 들이마셨다가 뱉는 방법은 두통을 치유하는 가장 좋은 방법으로 간주되고 있다.
담배는 명랑할 때나 우울할 때나 늘 변함없는 반려자가 되어 준다. 그것은 쉬고 싶은 사람을 잠들게 할 것이고, 연구에 몰두하는 학자의 눈을 뜨게 할 것이며, 병사들의 눈을 깨워 적군의 감시를 철저하게 할 것이다.

1300년대 중반부터 시작된 흑사병은 페스트 균에 의한 전염병으로 치사율이 매우 높아 사람들을 몹시 두려움에 떨게 했다. 1664년경 런던에서 흑사병이 크게 유행하여 사람들이 죽어 나가던 시대에는 담배가 그 두려움을 조금 감소시켜 주었다.

많은 사람들은 흡연이 흑사병으로부터 그들을 지켜 줄 것이라 믿으며 담배를 피웠다. 흑사병으로 죽은 사람들의 시체를 수레에 싣고 나가는 사람들은, 이 불쾌한 의무를 수행하면서 담배를 계속 피워 대기만 하면 그 병으로부터 보호될 거라 안도했던 것이다.

당시 상황을 해마다 일기로 남겨놓은 피프스(Samuel Pepys, 1633년~1703년)는 1665년 6월 5일에 흑사병의 습격을 받은 어느 집을 처음 보았을 때, 그 역시 담배를 피워 자신의 몸을 지켰다고 술회하고 있다.

그 날, 나는 드루어리 레인(Drury Lane)에서 문에 붉은 십자를 그려 놓고 '주여, 저희들을 가엾게 여겨 주소서!'라고 써 붙인 집을 두세 채 보았다. 그것은 내가 일찍이 본 적 없는 슬픈 광경이었다. 그것을 보자 나는 몹시 마음이 꺼림칙해져 **지궐련**을 사서 냄새를 맡거나 씹거나 하지 않고는 배겨낼 수가 없었다. 그렇게 하고 나서야 불안감이 없어졌다.

그는 1667년 8월 19일에는 자신이 직접 경험한 담배의 효력에 관해서도 적은 바 있다.

우리의 마차를 끌고 가던 말 한 마리가 갑자기 현기증을 일으키며 쓰러졌다. 그런데 마부가 담배를 꺼내 한 모금 빨고는 그 연기를 말의 콧잔등에 훅 뿜으니 말이 재채기를 하기 시작했다. 잠시 뒤 말은 일어섰고 완전히 회복되어 남은 목적지까지 힘차게 달려갔다.

만병통치약이 만병의 원인

이와 같은 호의적인 평이 수없이 많기는 했지만, 유럽에서는 담배가 전파된 직후부터 많은 나라의 성직자와 정치가들이 흡연의 효용을 둘러싸고 논쟁을 벌였다.

흡연 반대자들은 담배를 피우는 행위를 비난했을 뿐만 아니라 흡연자를 체포하여 준엄한 형벌을 부과하기도 하였다. 형벌로는 최고 사형을 비롯하여 추방과 태형(笞刑)이 있었고, 가벼운 것이 투옥 내지 벌금형이었다.

저술가들도 논쟁에 가담하여 '인디언의 담배에 중독될 바에야 영국의 삼줄로 숨통이 끊기는—교수형에 처해지는—편이 낫겠다.', '담배는 여러 질병을 야기하여 수명을 단축시킨다.' 라며 목소리를 높였다. 덧붙여 '지옥의, 악마적인, 저주받을 담배는 육체와 영혼을 황폐하게 하고 역병과 재난을 초래하며 건강을 여지없이 악화시킨다.' 며 규탄하였다.

그러나 이 같은 강력한 반대에도 불구하고 흡연자는 나날이 증가했을 뿐만 아니라 여러 문명국 전체로 급속히 퍼져 나갔다. 담배의 생산과 판매에 걸친 산업의 발달도 그에 따라 박차를 가하게 되었다.

논쟁은 계속되었고 20세기에 와서는 담배의 악영향에 대한 경고의 목소리가 더 높아졌다. 영국의 의학 연구 위원회는 1957년과 1959년에 두 개의 보고를 발표하며 흡연에 대해 가차 없는 공격을 가하였다.

'지난 25년 동안 남성 가운데 폐암으로 말미암은 사망이 대폭 증가했는데, 그 증가의 주요 원인은 흡연이며 특히 지궐련을 피우는 데 원인이 있다.'

'담배 연기의 주성분은 폐 속으로 흡수되기 쉬운, 현미경으로나 볼 수 있는 크기의 미세한 기름방울인데, 그 속에는 각기 어떤 상황 하에서 동물로 하여금 폐암을 야기한다는 사실이 명백한 다섯 개의 물질이 함유되어 있다.'

특히 1959년의 보고는 담배를 많이 피우면 기관지염을 일으킬 수 있다는 증거 또한 제시하였다.

어느 쪽의 보고든 간에 흡연의 영향은 16세기의 의사들이 품었던 관념과는 정반대임을 시사한다. 일례로 1600년에 공표된 다음의 성명은 담배가 해롭다는 현대적인 견해와 사뭇 대조적인 양상을 보여 준다.

'흡연은 카타르 또는 머리·위·폐·가슴의 통증에 유효하다.'

'담배―하늘이 준 귀중하고 훌륭한 선물―는 모든 질병을 고쳐 주는 약이다.'

이것이 16세기의 뛰어난 의사들의 견해였던 것이다.

요컨대 담배의 역사는 의학적인 관념이 얼마나 흔적도 없이 변화할 수 있는가 하는 점을 생생히 제시해 주는 예라 할 수 있다. 일찍이 만병통치약으로 믿어져 온 담배가 이제는 폐암이나 기관지염과 같은 질병의 원인으로 바뀌었으니 말이다.

흡연 선구자들의 수난

담배의 역사에도 재미있는 이야기 몇 가지가 전해진다. 그 하나로 웨일스 사람인 리처드 탈턴(Richard Tarlton)과 선술집 사나이들의 이야기가 있다.

어느 날, 탈턴은 선술집에서 포도주를 실컷 들이켜는 두 사나이 옆에 앉아 담배를 피우고 있었다. 그들은 사람이 연기를 피워 마시는 광경을 일찍이 본 일이 없었으므로 탈턴이 파이프에 불을 붙이는 모습에 기절초풍할 듯이 놀랐다. 술에 취한 그들의 눈에는 탈턴의 콧구멍에서 연기가 뿜어져 나오는 것이 마치 몸에 불이 붙은 것처럼 보였던 것이다. 두 사나이는 느닷없이 컵을 들어 포도주를 그의 얼굴에 냅다 끼얹으며 불이 났다고 소리쳤다.

탈턴은 정면으로 포도주 세례를 받고 온 몸이 젖어 버렸지만, 태연히 파이프에 불을 다시 붙이며 점잖게 말했다.

"불이 꺼졌지 않소, 이보시오! 다시는 그 따위 바보짓 마시오."

그러자 사나이들은 투덜거리며 시비를 걸었다.

"어이구, 빌어먹을! 이 무슨 고약한 냄새람? 꼭 독약을 마신 것 같지 뭐야!"

탈턴은 그래도 여전히 점잔을 피우며 이렇게 말했다.

"냄새가 그렇게 싫거든 두 분도 한 모금씩 피워 보시구려. 그러면 좋아질 지도 모르잖소."

두 사나이는 고개를 절레절레 흔들며 밖으로 나가 버렸고, 방 안에 있던 모든 주객들도 고약한 냄새를 도저히 견딜 수 없었는지 모두 서둘러 나가 버렸다. 덕분에 가엾은 탈턴은 홀로 남게 되어 여럿이 마신 술값을 몽땅 물어야 했다.

이 이야기를 들은 몇몇 저술가들은, 이는 단순한 이야기가 아니라 사람들이 '월터 롤리의 사건'에 더 재미있게 살을 붙여 퍼뜨린 것임에 틀림없다는 생각을 했다.

롤리는 담배가 소개된 거의 초기부터 담배와 끊을래야 끊을 수 없는 인연이 있는 인물로 여겨지고 있다. 롤리에 관한 이야기는 1708년에 처음 인쇄물에 등장했다.

월터 경은 아메리카 대륙에서 인디언의 흉내를 내어 그들이 좋아하는 담배를 즐겨 피웠다. 그는 이 흡연의 관습에 매료되어 영국으로 귀국

한 뒤에도 서너 **호그즈헤드**를 입수하여 그것을 서재에 두고
남몰래 날마다 두 파이프씩 피우며 지냈다.
그는 한 순박한 사나이를 하인으로 부리고 있었다. 월터
경은 때때로 서재 밖에 대기하고 서 있는 그에게 질 좋은
맥주 한 컵과 **육두구**를 주문한 뒤 책을 읽었는데 하인이
들어오는 발소리가 들리면 그는 물고 있던 파이프를 급히 내
려놓곤 하였다.

그 날도 그는 하인에게 맥주를 주문한 뒤 책을 읽기 시작했는데, 책의 내용이 너무 흥미진진했던지 그만 파이프 내려놓는 것을 잊고 말았다. 주인의 입과 파이프의 담배통에서 모락모락 솟아오르는 짙은 연기를 보고 혼비백산한 하인은 맥주를 롤리의 얼굴에 정통으로 끼얹었다. 그리고는 층계참에 서서 고래고래 소리를 지르며 가족들에게 긴급 사태를 알렸다.

"불이야, 불! 주인님 몸 속에 불이 났어요!"

그는 사람들을 다그치며 우물쭈물하다가는 그들이 층계를 다 올라오기도 전에 불이 다 붙어서 주인의 몸은 한 줌의 재가 되어 버릴 것이라고 외쳐 댔다. ■

월터 롤리의 기구한 운명

몇몇 저술가들은 월터 롤리 사건의 그 담배는 바로 드레이크 경이 세계 일주 항해를 마치고 귀국할 때 가지고 온 것 중 일부를 롤리에게 준 것이었다고 말했다.

어쨌거나 롤리는 엘리자베스 여왕 시대의 어느 누구보다도 영국에서의 흡연의 장려에 힘쓴 사람임에 분명하다. 더욱이 그는 엘리자베스 여왕의 승인 아래 그 사업을 전개하였던 것이다.

때때로 롤리와 여왕 사이에도 흡연을 둘러싸고 논쟁이 벌어지곤 하였다고 한다. 언젠가는 롤리가 여왕에게 담배에 관한 자신의 지식을 자랑하며, 담배를 피우면 연기가 얼마나 방출되는지 그 무게마저 재어 보일 수 있다고 공언하였다. 여왕은 연기를 재는 일은 불가능할 거라 주장했고 결국 롤리와 내기를 하게 되었다.

롤리는 먼저 담배의 무게를 잰 뒤, 담배를 피우고 남은 재의 무게를 다시 쟀다. 그리고는 피우기 전의 담배 무게에서 남은 재의 무게를 뺀 것이 바로 연기의 무게라고 주장했다.

여왕은 그것을 부정하지는 않았지만, 그렇다고 내기에 진 것을 수긍하고 돈을 지불했다는 기록은 전해지지 않는다. 따지고 보면 롤리의 대답은 잘못된 것이었다. 담배의 불탄 부분은 공기 속의 산소와 결합되어 있으므로, 연기 자체의 무게는 태우기 전의 담배 무게와 재의 무게 사이의 차이보다 크기 때문이다.

엘리자베스 여왕의 총애를 한 몸에 받았던 월터 롤리는 불행히도 다음의 군주에게는 그다지 신뢰받지 못했다. 오히려 새 국왕 제임스 1세(James I, 1566년~1625년)는 흡연에 강력히 반대하여 '담배에 대한 반격'이라는 팸플릿을 통해 흡연을 격렬히 비난했다. 그 글에서 국왕은 이렇게 말했다.

"담배를 영국에 들여온 것은 국왕도 아니고 위대한 정복자도 아니며, 학식이 풍부한 의사도 아니다. 그는 단지 일반 대중에게 미움을 사고 있는 한 인물에 불과하다."

많은 페이지에 걸쳐 담배에 대한 강한 혐오의 감정을 표시한 뒤, 제임스 1세는 이런 결론을 내리고 있다.

"흡연이라는 치사스러운 새 유행은 눈에 지겹고 코에 꺼림칙하며, 뇌에 해롭고 폐에 위험스러운 습관이다. 거기서 내뿜어지는 검고 악취 나는 연기는 밑바닥을 알 수 없는 깊은 갱 속에서 분출하는 무서운 스티지안(stigian)의 연기와 매우 흡사하다."

제임스 1세가 언급한 '일반 대중에게 미움을 사고 있는' 인물은 바로 월터 롤리였다. 그가 정말 대중의 미움을 샀었는지는 확실치 않지만 적어도 제임스 1세의 미움을 받고 있는 것만은 분명했다. 그 미움은 엘리자베스 여왕이 죽은 뒤에 자신이 왕위를 계승하는 것을 저지하려고 롤리가 음모를 꾸몄다는 의심을 품었기 때문에 생겨난 것이었다.

결국 롤리는 제임스 1세에 의해 반역죄로 체포되어 사형 선고를 받았다. 그러나 다행인지 불행인지 집행이 유예되어 그 뒤 13년 동안이나 런던 탑에 유폐되어 지내야 했다.

1616년 석방되어 다시 탐험을 하던 중, 그는 아메리카 대륙에 있는 에스파냐 식민지 중의 하나를 불태워서 에스파냐 국왕을 격노케 하였다. 결국 그는 이 사건 때문에 1618년 사형에 처해지고 말았다.

한 저술가는 롤리가 처형대에 오르는 마지막 순간에도 평소 사랑해

마지않던 파이프로 담배를 피워 일부 여성들을 공포에 떨게 했다는 기
록을 남겼다.

　한편 그의 전기를 쓴 다른 저술가는 롤리의 마지막 순간에 대해,
'차라리 나는 그것이 그의 정신을 안정케 하는데 적합한 일이며 잘한
일이었다고 본다.'고 평했다.

09

보랏빛 속에 태어나서

특 권 의 상 징

보 랏 빛 속 에 태 어 나 서

아득한 옛날, 티로스(Tyros)라는 아름다운 처녀가 애인 헤라클레스와 함께 **티레** 마을의 바닷가를 거닐며 사랑을 속삭이고 있었다.

때마침 함께 산책하던 헤라클라스의 개가 모래밭에서 조개를 발견하고 물어뜯었는데, 그 조개에서 진물이 스며 나와 개의 콧등에 묻어 버렸다. 그 상태로 몇 분이 지나자 개의 콧등에 묻었던 진물은 아름다운 보랏빛으로 변하였다.

티로스는 그 아름다운 보랏빛에 매혹되어 헤라클레스에게 사랑의 증표를 요구하였다. 개의 콧등에 묻은 것과 똑같은 보랏빛으로 천을 물들여 달라는 것이었다. 헤라클레스는 갖은 방법을 다 동원한 끝에 결국 그녀에게 아름다운 보랏빛의 드레스를 선물하였다고 한다.

티레의 보랏빛

우연한 기회에 보랏빛 염료를 발견했다는 이 이야기는 신화의 세계에 속하지만, 실제로 티레 지방에서는 기원전 15세기 무렵부터 보랏빛 염료를 조개에서 채취해 왔다.

티레에 아름다운 보랏빛을 선물한 이 조개는 여러 면에서 커다란 쇠고둥을 닮았는데 여기서는 편의에 따라 붉은 소라로 부르기로 하자.

붉은 소라는 혈액 속이나 목 아래의 주머니 속에 간직되어 있는 독특한 체액을 분비한다. 이 체액은 갓 채취했을 때는 빛깔이 없지만 공기나 햇빛을 쐬면 엷은 노랑에서 엷은 초록, 파랑, 빨강을 거쳐 마지막에는 선명한 보랏빛으로 변해 간다.

티레의 주민들은 꽤 교묘한 방식으로 이 붉은 소라를 잡았다. 그들은 붉은 소라가 길고 단단한 혀를 가지고 있는 매우 먹성이 좋은 동물로, 보다 작은 조개, 특히 홍합을 주로 잡아먹고 산다는 사실을 알고 있었다.

티레의 어부들은 살아 있는 홍합을 커다란 바구니에 넣어 가지고 배를 저어 붉은 소라가 있음직한 곳까지 간다. 그리고는 줄을 맨 바구니를 바다에 던져 넣는다. 물에 들어간 홍합이 조가비를 벌리면 붉은 소라가 다가와 기다랗고 단단한 혀를 홍합의 살 속에 찔러 넣는다. 그 순간 홍합은 화들짝 놀라며 조가비를 닫아 붉은 소라의 혀를 꽉 물어 버린다. 붉은 소라는 이렇게 해서 바구니 속에 사로잡히게 된다.

염료의 제조법은 잡힌 붉은 소라의 크기에 따라 달랐다. 특히 큰 소라는 혈관을 절개한 뒤 따뜻한 물로 체액을 채취하여 소금을 섞어 넣고 며칠 내버려 두었다가 며칠 뒤 그 액체를 끓여 다시 가공하면 보랏빛 염료가 생성되었다.

이런 식으로 티레의 염료 산업은 크게 번창했다. 그 증거로 오늘날 티레 지역에서는 홍합의 조가비가 쌓인 커다란 무더기가 여러 개 발견되었으며, 티레의 북쪽 지역인 시돈(sidon)에는 당시 염색에 사용되었을 것으로 짐작되는 커다란 통의 유적이 지금도 남아 있다.

티레는 고대 페니키아의 가장 큰 항구 도시로, 이집트 등 여러 지역과 교역했던 페니키아 문화의 중심지이기도 했다(화학편 제1장 참조). 덕분에 티레의 염료는 그 명성이 더욱 드높았다. 특히 보랏빛은 '티레의 보랏빛' 또는 '티레의 빛깔'로 불렸으며 원료인 붉은 소라는 '보랏빛 조개'라고 불렸다.

이후에도 티레의 염색법은 더욱 발달하여 제조법에 따라 아주 짙은 빨강에서부터 보랏빛까지 여러 가지 색조로 변화를 줄 수도 있게 되었다.

특권의 상징

어느 고대의 저술가는 보랏빛을 이렇게 평했다.

염료로서의 보랏빛을 알게 된 뒤, 사람들은 그것이 모든 빛깔 가운데서 가장 고귀한 것이라고 여겼을 뿐만 아니라 신들이 가장 좋아할 색

으로 생각하기에 이르렀다. 따라서 보랏빛은 경건한 종교 의식이나 성
직자의 복장으로 주로 쓰였고, 일반인과 구별하여 높은 지위를 나타내
는 빛깔로도 적합하게 여겨졌다.

보랏빛이 이렇듯 특권의 상징이 된 것은 당시 만들어 낼 수 있는 가
장 아름다운 빛깔이었기 때문으로 여겨진다. 더욱이 이 보랏빛은 붉은
소라의 체액을 햇빛에 말려 얻는 색이었기에 빛이 바래는 일이 없었
고, 많은 시간과 노력과 비용을 들여도 겨우 소량만 얻을 수 있었던 것
이다.

티레의 보랏빛은 제조법에 따라 짙은 빨강으로도 만들어졌는데, 핏
빛처럼 붉은 이 빛깔은 생명 그 자체를 상징하는 것처럼 보였으며 달
리 보면 아침 해와 마찬가지로 힘의 원천을 상징하는 듯했다.

어쨌든 이 진귀한 보랏빛은 고대에서는 일부 특권층 인사들만 사용
할 수 있었다. 로마에서는 도시가 창설된 거의 초기부터 보랏빛은 국
왕이나 황제 또는 주요 집정관과 같은 고위층만이 착용할 수 있는 빛
깔이었다.

네로 황제(Nero, 37년~68년) 시대에는 특히 보랏빛에 대한 제한이 엄격
하였다. 왕족이 아닌 사람이 보랏빛 옷을 착용하는 것은 곧 범죄가 되
어 사형에 처해지거나 재산을 몰수당하는 엄벌을 받을 정도였다.

그 밖의 다른 많은 나라에서도 티레의 보랏빛은 그처럼 존중되었다.
알렉산더 대왕(Alexander, 기원전 356년~기원전 323년)과 페르시아의 여러 국왕

들은 보랏빛 옷을 착용하는 것을 국왕의 특권으로 삼았다. 뿐만 아니라, 클레오파트라가 타는 장식선(裝飾船)에는 다른 배와 구별하기 위해 보랏빛 돛을 달기도 했다(화학편 제3장 참조).

성직자의 수도복과 성당, 교회의 보랏빛은 구약성서에 여러 번 등장하는데 특히 청색·주홍색·황금색과 혼합해서 쓰이곤 하였다. 모세(Moses, 기원전 1500년경)는 꼭 리넨으로 만든 청색과 보랏빛과 주홍색의 커튼을 열 겹이나 친 막사를 지었고, 또 '주께서는 그에게 제단 위에 보랏빛 천을 펼쳐 놓도록' 명하셨다고 했다.

솔로몬 왕(Solomon, ?~기원전 912년경) 또한 레바논의 나무로 전차(戰車)를 만들게 하고 거기에 '보랏빛 덮개'를 씌웠다.

한편 '우리의 주께서 십자가에 못박히셨을 때 그들은 그이에게 보랏빛 옷을 입혀 가시나무의 관을 엮어서 그이의 머리에 얹었다. 그들은 그를 조롱한 뒤, 보랏빛 옷을 그에게서 벗기고 그 자신의 옷을 입혔으며 십자가에 매달기 위해 그를 끌어 내었다.'는 성경 구절로 보아 치욕을 줄 목적으로 보랏빛 옷을 쓰기도 했음을 짐작할 수 있다.

많은 고위 성직자가 보랏빛의 수도복을 착용했고, 특히 여러 신들에게 희생물을 바칠 때도 그러하였다. 마그네시아(Magnesia)에 있는 제우스의 신관(新官)도 그랬고, 헤라클레스의 신관도 그랬었다. 크리스트 교 교회의 고위 성직자들도 중요한 제전(祭典)에서 보랏빛 수도복을 착용하였는데, 오늘날에도 여전히 사제는 중대한 제의에 보랏빛 수도복을 착용하고 있다.

보랏빛 속에 태어나서

신분이 높은 사람들을 위해서 특별히 만든 초기의 《성경》 가운데에는 보랏빛 양피지 위에 금 또는 은으로 글자를 써 넣은 것도 있었다. 그러나 보랏빛에 얽힌 가장 재미있는 이야기는, '보랏빛 속에—왕후(王侯)의 집안에—태어나서'라는 어구가 생겨나게 된 동기이다.

고대 로마의 황제 콘스탄티누스 1세(Canstantinus I, 274년~337년)는 로마 제국의 혼란을 수습하고 로마 제국을 통일시켰으며 크리스트 교를 공인한 황제이다. 그는 4세기경 비잔티움에 새로운 도시를 건설하여 콘스탄티노플(Constantinople)이라고 명명하였는데, 이것이 비잔틴(Byzantine) 제국의 수도가 되었다.

이 비잔틴 제국—동로마 제국(Eastern Roman Empire) 또는 그리스 제국으로 통칭되는—을 통해 유명한 지배자들이 수없이 출현했다. 그 가운데 《로마법대전(Corpusiuris)》을 편찬하고 성 소피아 성당을 건설하여 로마 제국의 영광을 재현한 유스티니아누스(Justinianus I, 483년~565년, 제11장 참조)와 비잔틴 제국의 전성기를 이룬 마케도니아 왕조의 시조가 될 바실리우스 1세(Basilius I, 827년~886년)가 있다.

이들 황제는 모두 보랏빛을 제왕의 빛깔로 삼았거니와, 특히 바실리우스는 실제로 그것을 기초로 하여 새로운 왕실의 관례를 창시하였다.

그 시대의 황제는 배우자를 몇 명이든 원하는 대로 가질 수 있었다. 그러나 수많은 황제의 여인들 가운데 두 명만이 정실(正室)로 대접받고, 정실이 낳은 아들만이 제위(帝位)를 이을 수 있었다.

바실리우스 황제가 만든 관례는 각기 생모가 다른 수많은 황제의 아들 중에서 누가 정실 태생인가에 따라서 제위 계승의 권리를 소유하는 황태자를 신하들 전체에게 명백히 알리고자 한 것이었다.

바실리우스 황제는 궁전 안의 침실 하나를 '보랏빛 방'으로 이름 지으라 하고, 그 방에 보랏빛 커튼을 치고 베일을 드리워 장식하였다. 그는 정실만이 이 방을 사용할 수 있도록 허용하고, '적법의 황자'는 반드시 이 보랏빛 방에서 탄생하도록 하였다. 기록에 따르면, 새로 탄생한 황자는 즉시 보랏빛 천으로 몸을 감싸게 되어 있었다고 한다.

바실리우스 황제는 또 '보랏빛 방'에서 태어난 황자에게는 모두 '포르피로게니투스(PorphyroGenitus)', 즉 태어나면서부터 황태자, 보랏빛 속에서 태어났다는 의미의 칭호를 붙이라고 포고하였다. 이 포고령이 내린 뒤에 처음 보랏빛 방에서 태어난 황자는 콘스탄티누스 포르피로게니투스라고 이름 지어졌다.

이리하여 '보랏빛 속에서 태어났다.'는 말은 곧 '지배자(통치자)'의 운명으로 태어난 사람을 뜻하게 된 것이다.

이토록 권력의 상징으로 고귀하게 여겨지던 보랏빛 염료는 극히 제한된 장소에서만 제조되고 사용되었으며, 그 제조법 또한 비밀에 붙여져 몇몇 극소수에게만 알려졌다. 그러나 오랜 세월이 흐르는 동안, 특히 비잔틴 제국이 쇠퇴함에 따라서, 이 염료의 중요성은 점차 퇴색해 갔다.

마침내 1453년에 콘스탄티노플이 터키 인들에 의해 점령되어 이스탄불이라는 이슬람식 명칭으로 불리게 된 뒤로는 염료 생산이 더욱 감소되어 끝내는 그 맥을 잊지 못하게 되었으며, 염료의 제조 방법 또한 서서히 잊혀지고 말았다.

그 뒤로는 다른 원료에서 채취된 염료가 쓰이게 되었으며, 그로 인해 1464년 로마 교황은 추기경이 착용하는 사제복은 주홍색이어야 한

다는 포고를 내리기도 하였다. 이 주홍색 염료는 연지벌레라는 곤충에
서 채취된 것이었다(제10장 참조).

10

두 가지 식물 염료

뼈 를 물 들 이 는 꼭 두 서 니

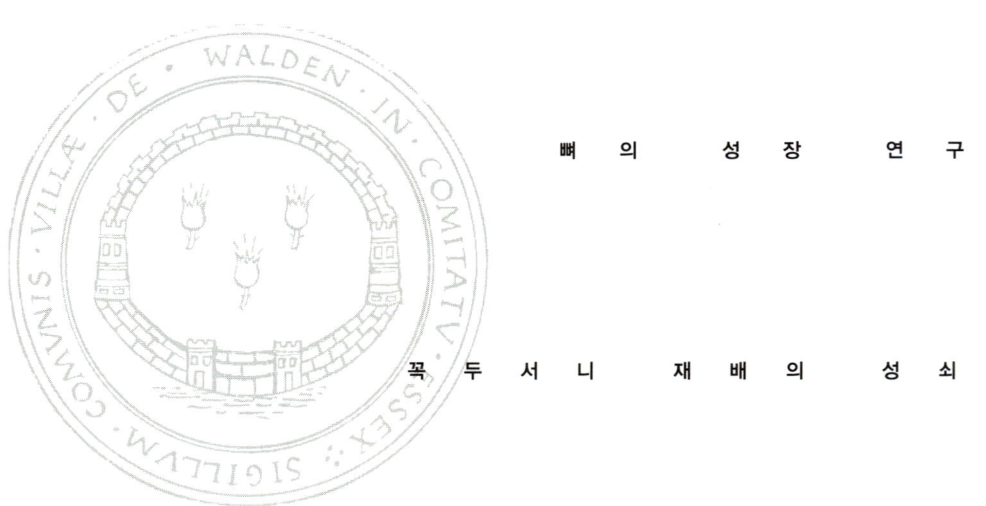

뼈 의 성 장 연 구

꼭 두 서 니 재 배 의 성 쇠

1856년에 퍼킨(William Henry Perkin, 1838년~1907
년: 화학편 제11장 참조)이 실험실에서 염료를 만들 수 있는 방법을 발견하기
까지 모든 염료는 동식물에서 채취되고 있었다.

이러한 천연 염료로는 이미 언급했던 '티레의 보랏빛' 이 외에도 다
음과 같은 것들이 있었다.

연지벌레라는 곤충에서 채취된 붉은 빛깔의 염료는 1464년 이후 추
기경의 사제복을 염색하는 데 사용되었다. 연지벌레는 선인장에 기생
하는 작은 벌레로 '코치닐(Cochineal)'이라고도 한다. 연지벌레의 수컷은
몸이 적갈색이며 날개가 있고 암컷은 날개가 없는데, 암컷으로 붉은
색소인 카민을 만들어 냈다.

꼭두서니의 뿌리에서는 검붉은 빛깔의 염료가, 사프란 꽃에서는 사
프란(Saffron)빛이라고 불리는 오렌지색이 채취되었다.

사프란의 역사

사프란의 역사는 매우 길다. 아주 오랜 옛날부터 염료·화장품·향

료 등에 쓰였을 뿐만 아니라 음식에 맛과 색을 더하는 데도 쓰여 왔다.

아침 일찍이 갓 피어난 사프란 꽃에서 암술머리만을 따로 모아다가 널빤지 사이에 끼워 누른 뒤 열을 가하면 덩어리가 된다. 이 덩어리를 잘게 부수어 가루로 만들면 귀한 황금색의 염료가 얻어졌다. 하지만 약 4,000개의 꽃에서 고작 1온스의 가루밖에 생산되지 않는 사프란 염료는, 그 값이 매우 비싸 부자가 아니고는 좀처럼 구할 수가 없었다.

이 선명한 오렌지색은 고대 그리스에서는 왕족이 사용하는 신성한 색깔로 여겨졌고 고대 아일랜드에서 사프란을 쓸 수 있는 것은 원주민의 왕뿐이었다.

그들 왕들은 리넨에 사프란으로 물들인 망토를 만들어 입었다. 헨리 8세(Henry VIII, 1491년~1547년)는 사프란으로 염색한 셔츠, 작업복, 터번, 네커치프, 리넨 모자 등을 착용하면 범죄가 된다고 포고령을 내려 아무나 사프란을 사용하지 못하게 하였다.

이 빛깔은 스코틀랜드에서도—특히 서쪽의 여러 섬들에서는—귀하신 몸들만이 사용할 수 있게 되어 있었다. 그 고장에서는 '여러 섬들의 고귀한 분들이 맨 처음에 입은 옷은 이 풀로 물들인 셔츠뿐이었다. 그것은 무릎 아래까지 내려오는 윗도리이며 한가운데에 띠를 둘러서 매었다.'■는 이야기가 전해진다.

사프란은 그 밖에도 여러 가지로 이용되었다. 로마 제국의 네로 황

제는 사프란 향기를 매우 좋아해서 자기가 로마의 거리를 지날 때면
미리 사프란을 뿌려 놓도록 명하였다고 한다. 또 로마의 부자들은 거
실이나 응접실, 욕실 등의 바닥에 사프란을 뿌려 그 향기를 음미하곤
하였다.

한편 사프란은 독특한 맛과 향 때문에 진귀한 요리에 향신료로 쓰이
기도 했다. 또한 케이크와 빵을 반죽할 때 사프란을 첨가하면 아주 예
쁜 노란 빛깔을 만들 수 있었다.

16세기의 어느 저술가는 사프란의 알뿌리가 영국에 도입된 경위를
다음과 같이 밝히고 있다.

1339년 북아프리카 리비아의 수도 트리폴리에서 80km 떨어진 높은
언덕 위로부터 한 그루의 사프란 알뿌리가 몰래 반입되었다. 그 무렵
사프란이라는 귀한 식물을 나라 밖으로 반출하는 행위는
사형에 처해질 만큼 무거운 범죄였다.
텔렌신(Telensin)이라는 소도시에서 남쪽으로 10km쯤 떨
어진 지점에 **바르바리**에서 그리 멀지 않은 고장에, 후베
드(Hubbed)라 불리는 성벽으로 둘러싸인 소도시가 있었다. 이 곳
주민들은 사실상 모두 염색을 생업으로 삼고 있었다.
사프란월든(SaffronWalden)에서의 소문에 따르면, 조국을 위해 봉사하겠
다는 일념으로 사프란의 알뿌리 하나를 훔친 한 순례자가 미리 지팡이
속을 오목하게 도려내어 거기에 사프란을 숨겨 가지고 이 나라에 잠입

하였다 한다. 그것은 목숨을 건 모험이었다. 만일 체포되는 날에는 사프란을 재배하고 있는 나라의 국법에 따라 그는 사형에 처해질 수밖에 없었기 때문이다.

이 순례자는 에식스(Essex) 주의 어느 시장이 있는 소읍—월든(Walden)—에 정착해서, 영국으로 밀반입된 단 한 그루의 사프란 알뿌리를 심어서 이 식물을 재배하기 시작하였다.

이 순례자에 관한 이야기는 사실이 아닐지도 모른다. 일부 저술가들은 사프란이 로마 시대부터 영국 땅에 알려져 있었다고 주장하고 있으며, 또다른 저술가는 에드워드 3세(Edward III, 1312년~1377년) 시대에 토머스 스미스 경이라는 사람이 사프란을 영국으로 도입하였다고 말하였기 때문이다. 그러나 사실 여부를 떠나 에드워드 3세 시대부터 사프란의 재배가 그 소읍의 중요한 산업이 되어 18세기 중엽까지 계속 번창했다는 것은 의심의 여지가 없다.

16세기 초엽 이 소읍 월든은 자치단체가 되어 마을 심벌을 가지게 되었다. 월든 읍은 세 개의 사프란 꽃을 성벽이 둘러싸고 있는 그림을 문장으로 선택했다. 이 디자인은 성벽으로 둘러싸인 이

사프란 월든의
심벌 문장

읍의 주된 산업이 사프란의 재배임을 상징하였다.

뼈를 물들이는 꼭두서니

고대부터 사용된 또 하나의 천연 식물 염료는 꼭두서니에서 채취된 것이었다.

꼭두서니는 약 2m의 키로 자라는데, 뿌리는 가늘고 길며 붉은빛이 도는 노란색으로 뿌리의 심(芯)과 겉껍질 사이에 붉은 층이 있다. 뿌리를 말린 뒤 도리깨로 두드려서 흙을 털어 버리고 맷돌로 갈아 가루를 만들면 훌륭한 약재가 된다. 또한 뿌리를 삶은 물로는 천이나 나무를 노란색 또는 붉은색으로 염색할 수 있다. 꼭두서니의 잎을 소가 먹으면 소젖이 불그스름한 빛깔을 띠고, 버터는 노랗게 착색되기 마련이었다.

꼭두서니로 물들인 천이 미라가 입고 있는 옷가지에서 발견되고, 이집트의 오래 된 책에서도 꼭두서니가 자주 등장하는 것을 보면 꼭두서니는 고대 이집트 인들도 즐겨 사용한 염료였던 것 같다. 그 뒤로도 꼭두서니는 19세기 후반에 이르기까지 널리 사용되었다.

터키의 염색업자는 꼭두서니를 매우 슬기롭게 이용할 줄 알아서, 어느 고장의 염색업자보다도 훨씬 뛰어난 빛깔을 만들어 내곤 하였다. 그 때문에 꼭두서니의 주홍빛은 '터키 주홍빛'이라고도 불렸다. 하지만 터키 인들만의 염색법은 몇백 년 동안 베일에 가려져 있었다.

반면 영국에서의 꼭두서니 재배는, 일부 농가에서 소먹이로 그 잎을 쓸 정도에 지나지 않을 만큼 낙후되어 있었다. 몇몇 소수의 농가에서만 염료로 쓰이고 있었는데, 여기서 매우 재미있는 발견의 계기가 생겨났다.

1736년의 어느 날, 존 벨처라는 외과의사가 그의 친구인 농부와 식사를 같이 하고 있을 때였다. 농부가 집에서 키운 돼지를 잡아 그 고기를 썰고 있는데 벨처의 눈에 돼지뼈에 묻어 있는 뻘건 빛깔이 보였다. 그 까닭을 물었더니 농부는 이렇게 답했다.

"그 돼지를 잡기 전날, 나는 꼭두서니로 옥양목을 한 필 물들이려 하였다네. 그런데 막상 염색된 빛깔은 내가 바란 밝은 빨강이 아니라 칙칙한 빨강이었어. 나는 그 빛깔을 빼 버리려고 옥양목을 가마솥에 넣어 삶았고, 염료를 빨아들이게끔 밀기울(밀의 껍질)을 첨가하였지. 일을 다 끝내고 나자 염료를 빨아들여 붉게 변색된 밀기울이 남았는데, 버리기가 아까워 돼지에게 먹였다네. 지금 썰고 있는 돼지가 그 때 밀기울을 먹은 돼지 중 하나일세."

벨처는 이 같은 결과에 깊은 흥미를 느끼고, 잡은 돼지의 남은 부분을 면밀히 조사해 보았다. 그 결과 남아 있는 돼지의 뼈와 이빨 역시 뻘겋게 염색되어 있는 것을 알아낼 수 있었다. 벨처는 이어서 돼지의 뼈를 쪼개 보았다. 그의 예상대로 겉부분만 아니라 뼛속까지 붉게 물들어 있었고 뼈의 가장자리 부분은 해면처럼 작은 구멍이 뽕뽕 뚫려 있었다.

벨처는 시험삼아 붉게 변한 뼈를 물에 담그고 푹 삶아서 불그레한 빛깔을 빼내려 하였으나 빛깔은 결코 빠지지 않았다. 방법을 바꾸어 알코올에 오랫동안 담가 보았으나 역시 빛깔은 빠지지 않았다. 벨처는 마침내 이 불그레한 물질은 뼛속에 완전히 융합되어 영구히 빛이 바래지 않도록 물들어 버린 것이라고 확신하기에 이르렀다.

실험은 거기서 그치지 않았다. 벨처는 다음으로 붉은 빛깔이 돼지의 뼛속에 함유된 특별한 어떤 물질로 말미암은 것이 아닌가 하고 의심하며 이를 확인하려 들었다. 이 실험을 위해서 그는 꼭두서니 뿌리의 가루를 먹이에 조금 섞어서 수탉에게 먹여 보고 그 뒤에 일어난 현상을 살펴 기록했다.

그 수탉이 꼭두서니를 먹기 시작한 지 16일쯤 지나 죽자, 나는 닭을 해부해서 뼈를 살펴보았다. 나는 이런 짧은 동안에 뼈의 빛깔이 빨갛게 변했으리라고는 전혀 예상하지 않았으나, 놀랍게도 뼈는 모두 붉게 염색되어 있었다.

벨처는 그 현상을 이렇게 평하였다.

혈액 순환이 뼈의 내부에서도 이루어진다는 것은 외과 의학에서도 관찰되는 많은 현상에 비추어 볼 때 명백한 사실이다. 그러나 이 실험을 통해 뼈 가운데 가장 단단한 물질 사이에도 혈액이 치밀하게 분포되어 있다는 사실이 입증된 것이다.

벨처의 실험 이전에는 뼛속에 혈액이 분포되어 있다는 사실을 의심하는 외과의사가 한둘이 아니었던 것이다.

뼈의 성장 연구

사실 뼈가 꼭두서니에 의해 붉게 염색되는 현상을 발견한 사람은 벨처가 처음은 아니었다. 그보다 더 이전인 16세기에 이미 관찰된 바 있었지만 당시에는 거의 아무런 결과도 도출되지 않았었다.

하지만 벨처의 연구는 '영양으로 말미암아서만 붉게 변색한 동물의 뼈에 관해서'라는 제목의 논문으로 발표되기에 이르렀다. 여기서의 영양이란 음식물을 뜻한다.

이 논문은 지대한 관심을 불러 일으켰다. 특히 프랑스에서 관심이 아주 높았는데, 프랑스 농민들이 네델란드의 꼭두서니 산업이 차지하고 있는 인기를 빼앗으려 하며 꼭두서니 재배가 엄청나게 중요한 산업으로 변해 가고 있었기 때문이다.

당시 뼈의 염색에 각별한 관심을 기울이던 과학자가 있었으니, 생리학자이며 농학자인 앙리 루이 뒤아멜 듀몽소(Henri Louis Duhamel du Monceau, 1700년~1782년)―통칭은 뒤아멜―였다. 그의 목적은 두 가지였는데, 하나는 동물의 뼈가 어떻게 성장하는가에 관한 연구였고 또 하나는 터키의 염색가들이 지닌 비법을 탐색하려는 것이었다.

뒤아멜은 비둘기를 비롯한 여러 새를 대상으로 벨처와 비슷한 실험을 진행하였다. 한 실험에서는 새들에게 하루씩 걸러 꼭두서니를 먹이고 다른 실험에서는 며칠씩 먹인 뒤에 며칠 동안은 먹이지 않는 방법으로 몇 차례 되풀이하였다.

그의 연구 결과는 참으로 눈부셨다. 새들의 뼈가 매력적인 무늬로 염색이 된 것이었다. 뼈의 단면에는 새가 꼭두서니를 먹지 않았을 때에 비해 빛깔이 없고 속이 비치는 둥그런 층이 있었다. 붉은 고리와 빛깔 없는 고리가 번갈아가며 나란히 있었는데, 고리의 넓이는 보통 음식을 준 기간과 꼭두서니를 준 기간의 길이에 따라 달라져 있었다.

뒤아멜은 붉은 고리를 조사함으로써 뼈가 자라는 과정에 대한 궁금증을 해결할 수 있었다. 그는 또 붉은 염료는 뼛속의 칼슘염에 의해 뼈의 성분인 물질 수에 고정된다고 결론지었다. 그는 이를 통해 터키 사람들이 꼭두서니로 염색을 잘 하는 것은 칼슘염을 쓰기 때문일 것이라는 추측을 하게 되었지만, 무슨 이유에서인지 그 가능성에 대해서는 구명하지 못하고 말았다.

나폴레옹 전쟁(1792년~1815년)과 그 후 계속된 전쟁으로 인해 프랑스의 농업은 피폐해지고 꼭두서니가 재배되는 밭의 넓이 또한 줄어들었다. 이 때문에 프랑스의 염색업자는 네덜란드와 터키, 시리아, 사우디아라비아 등의 서아시아 지방으로부터 이 염료를 대량으로 수입해야 했다.

1830년 프랑스의 통치자가 된 루이 필리프(Louis Philippe, 1773년~1850년)는 다시금 꼭두서니의 재배를 장려하였다. 꼭두서니는 농가 자체의 살림을 보태줄 뿐만 아니라, 이를 수입하기 위해 외국에 많은 돈을 지불할 필요가 없어지면 국가 경제의 개선에도 이바지하리라는 것이 그 취지였다.

루이 필리프는 또한 프랑스에서 근무하고 있던 스위스 군 연대에 대한 고용을 폐지하였다. 이 연대의 병사들은 수백 년 전부터 프랑스를 비롯한 여러 나라들에 고용되어 급료를 받으며 복무해 왔다. 그들은 주홍빛의 군복을 입었고, 프랑스 군 보병은 나폴레옹 시대부터 회청색의 외투를 착용해 왔다. 이에 루이는 스위스 군 병사들의 군복에서 힌트를 얻어 금후로는 프랑스 군 보병도 붉은 모자를 쓰고 붉은 바지를 입어야 한다고 명하였다. 이는 꼭두서니의 재배를 돕기 위한 조처였다. 이 명령은 제1차 세계 대전까지 효력을 유지하였다.

꼭두서니 염료 사용에 관한 이런 정책적 조처는 그보다 700년이나

앞선 것도 있었는데 바로 영국의 헨리 2세(Henry II, 1133년~1189년)가 내린
'사냥터에서 입는 코트는 빨간 빛깔로 물들인 것이어야 한다.'는 칙령
이었다. 영국에서는 이 관습을 오늘날까지도 이어 오고 있다.

그러나 오늘날에는 꼭두서니가 염료로 사용되고 있
지 않다. 윌리엄 퍼킨이 최초의 **아닐린** 염료 **모브**를
발견한 뒤로는(화학편 제11장 참조) 콜타르에서 선명
한 염료를 뽑아 낼 수 있었던 것이다. 이어 1896년
에는 꼭두서니보다도 훨씬 좋은 빛깔을 내면서도
값이 싼 염료가 만들어졌다.

이렇게 인공적으로 생성되는 새로운 염료는 '알리자
린(Alizarin)'이라고 이름 지어졌다. 그것은 꼭두서니를 일컫는
서아시아 지방의 언어인 '라자리' 또는 '알라자리'에서 유래되었다.

알리자린의 발견 이후 꼭두서니 산업의 운명은 끝났다. 농부들은 새
로운 농작물을 찾아야 했는데 실제로 모든 종류의 식물 염료 생산에
종사하는 사람들에게 그 날은 너무 빨리 왔던 것이다.

11

누에 알을 훔쳐 낸 수도사

비 단 의 비 밀 과 실 크 로 드

황 제 의 분 노

진 위 를 둘 러 싸 고

약 4000년 전, 중국에 서릉씨(西陵氏)라고
불리는 왕비가 있었다. 왕비는 어느 날 궁전의 정원을 거닐다 뽕잎에
앉은 한 마리의 나방 애벌레가 몸에 바지런히 실을 휘감는 모습에 눈
길을 멈추었다.

하루 이틀이 지나니 거기에 호두알만한 주머니가 생기더니, 애벌레
의 몸이 그 속으로 쏙 들어가 버렸다. 신기하게 여겨 계속 유심히 관찰
하였더니 안에서 나방이 나오는 것이 아닌가!

왕비는 그 신기한 현상을 더 깊이 파고들어 보려는 생각이 들었다.

누에를 발견한 전설

그녀는 수수한 빛깔의 나방이 뽕잎에 수없이 많은 조그만 알들을 슬
고 있는 모습을 눈여겨보았다. 알은 햇빛의 열로 깨어 조그만 애벌레
가 되더니, 왕성한 식욕으로 쉴새없이 뽕잎을 먹어 댔다.

애벌레의 몸은 무럭무럭 자라나서 마침내는 껍질을 벗어 버려야 할
만큼 팽팽해졌다. 그런데 낡은 그 껍질을 벗고 나니 그 속에는 또 새

껍질이 있었다. 이렇게 몇 번이고 탈바꿈을 하면서 완전히 성장하더니, 드디어 길이가 약 7cm쯤 되는 흰 애벌레가 되었다. 이것이 바로 오늘날 누에(silk worm, 명주벌레)라 불리는 곤충이다.

왕비는 성숙한 누에가 입술 부근에 있는 2개의 구멍에서 실을 뽑아 내고 있는 것을 발견했다. 그 두 올의 실은 서로 맞붙어서 한 올의 실이 되었다. 누에는 이렇게 끊임없이 실을 뽑아 내면서, 잠시도 쉬지 않고 머리를 앞뒤 좌우로 흔들어 대며 몸에 실을 휘감았다. 사흘쯤 지나자 실은 오밀조밀하게 가득히 짜여진 주머니가 되었고, 누에의 몸은 그 속에 고스란히 들어갔다. 이 주머니가 바로 누에의 '고치'이다.

이윽고 고치 속에서 이상스러운 변화가 일어나더니 징그럽던 누에가 우아한 나방으로 모습을 바꾸어 나타났다. 고치를 뚫고 밖으로 나온 나방은 뽕잎 위에서 한동안 꼼짝도 않고 햇볕을 쬐며 몸을 가누었다. 얼마 뒤 나방은 짝을 만나 교미를 하였는데, 교미가 끝난 수컷은 곧 죽고 암컷도 뒤따르듯 알을 깐 뒤에 죽어 갔다.

왕비는 세심히 고치를 살펴보다가 그 실이 기막히게 가늘고 고운 데 놀랐다. 그러나 안타깝게도 나방이 고치를 물어뜯고 밖으로 나가느라 그 실은 토막토막 잘라져 있었다. 왕비는 누에가 나방이 되기 전에 고치를 뜨거운 물에 담가 버리면 그 고운 실이 끊어지지 않을 거라는 기막힌 생각을 해냈다.

실제로 그렇게 한 뒤, 고치의 실을 풀어 헤쳐 보았더니 놀랍게도 실은 얼추 800m나 되는 길이였다. 왕비는 이 곱고 부드러운 실로 옷감을 짰는데 그것이 바로 비단이다.

그녀는 세상을 떠나기 전까지 중국의 견직물 산업을 든든히 확립하였고, 그것은 나라에 막대한 부를 가져다 주었다. 중국에서 짜여진 비단(silk)은 특히 예수가 태어난 무렵에 대단한 인기를 누렸다. 그 무렵의 로마 인들은 비단을 살 때 무게를 재어 보고 똑같은 무게의 금을 값으로 지불했다고 하니, 비단이 얼마나 귀한 것이었는지 미루어 짐작할 수 있을 것이다.

비단의 비밀과 실크로드

유럽 인들은 이토록 값진 비단이 어떤 방법으로 만들어지는지 알아내려고 갖은 애를 썼지만, 중국인들 또한 온갖 수단을 강구하며 그 비밀을 지키려고 애썼다.

그런 수단 중 하나는 일부러 엉터리 정보를 흘리는 일이었다. 예컨대 '비단을 짠 실은 양(¥)에게 날마다 물을 뿌려 주면 저절로 만들어진다.'는 식이었다. 물을 뿌려 주는 동안에 거칠고 굵은 실이 길고 가늘며 아름다운 실로 변한다는 헛소문을 퍼뜨린 것이었다.

중국인들은 이런 갖가지 수단을 동원해 가며 3000년 동안이나 그 비밀을 굳게 지켰다. 하지만 이 비밀은 지극히 로맨틱한 형태로 공개되기에 이르렀다.

300년 무렵 중국의 어느 왕녀가 인도의 왕자와 약혼하였다. 왕녀는 결혼 기념으로 새로 통치하게 되는 백성들에게 귀한 선물을 하고 싶었다. 생각 끝에 왕녀는 백성들에게 비단을 짜는 방법을 가르쳐 주기로 결심하고 누에의 알을 아무도 모르게 인도로 밀반출하려는 계획을 꾸몄다.

그 무렵 중국의 상류 사회—특히 왕족의 귀부인들—에서는 수많은 보석을 무겁게 박아 넣은 키가 매우 높은 족두리를 머리에 쓰는 관습이 있었다. 왕녀는 이 족두리야말로 그 조그만 누에 알을 안전하게 숨길 수 있는 곳이라고 판단하였다.

왕녀는 고국을 떠날 때 누에 알 몇 개를 족두리 속에 감쪽같이 숨겨 가지고 갔다. 행복한 신혼의 보금자리에서 그녀는 백성들에게 누에 알을 깨는 법은 물론, 애벌레를 키우는 법과 명주를 짜는 법까지 가르쳤던 것이다.

이와 비슷한 시기에 일본인들도 비단의 비밀을 알게 되었다. 이렇듯 중국뿐 아니라 인도와 일본 등지에서도 비단이 생산되기 시작하였지만, 중국 비단의 인기는 그 뒤로도 몇백 년 동안이나 지속되었다. 특히 유럽에서는 중국산 비단의 가치와 인기가 몹시 높아 공급이 수요를 미처 따르지 못할 지경이었다.

중국의 비단은 중국 땅에서 인도 및 페르시아를 거쳐 지중해 여러 나라에 이르는 고대 제국의 교역로를 거쳐 운반되었다. 그 길은 비단을 특히 많이 수

130

출하였다 하여 오늘날 **실크로드**라 불리고 있다.

낙타를 거느린 대상(隊商)들이 여러 지역으로부터 중국의 변경 지대에 모여들어 비단을 싣고 하미(Hami), 카슈가르(Kashgar), 사마르칸트(Samarkand)를 지나서 페르시아(이란) 북부를 거쳐 바그다드(Baghdad)와 안티오크(Antioch), 티레(Tyre)에 이르기까지, 통틀어 1만km에 가까운 장거리 여행을 했던 것이다. 그 중 여러 곳에서 비단은 비잔틴 제국의 수도 콘스탄티노플을 비롯한 그 밖의 항구로 실려 나갔다.

그 무렵 페르시아는 지리적으로 비단을 받아 놓았다가 이를 다시 실어 내보내는 데 매우 편리한 위치에 있었다. 이에 페르시아 인의 태반이 낙타를 몰고 온 대상한테서 비단을 사들였다가 이를 다시 여러 외국으로 팔아넘기는 장사를 하였던 것이다.

그 뒤 6세기로 접어들자 페르시아의 몇몇 국왕을 비롯하여 여러 종족의 수장(首長)들이 점차 거칠고 호전적으로 변해 가더니, 마침내 저마다의 이익을 위해서 무력을 써서라도 비단 시장을 지배하려 들게 되었다.

황제의 분노

이러한 횡포는 끝내 비잔틴 제국의 그 유명한 황제 유스티니아누스(Justinianus, 483년~565년)의 노여움을 사기에 이르렀다.

유스티니아누스 황제는 비잔틴 제국의 지배자이자 독실한 크리스트 교 신자로, 몇 번이고 이교도(異敎徒)인 페르시아 인들을 상대로 전쟁을 일으켰다. 그는 평화 시대에도 우상을 숭배하는 사람들의 나라에서 명주를 사들임으로써 자신이 통치하는 국민들의 재화(財貨)가 밖으로 흘러나가는 현상을 매우 못마땅하게 여기고 있었다.

생각 끝에 황제는 페르시아가 아닌 다른 나라에서 명주를 수입해 보려고 갖은 애를 썼지만 도무지 이루어지지 않았다. 그러던 가운데 522년이 되자 예기치 못한 좋은 기회가 저절로 찾아왔다. 선교사로 오랫동안 중국에 머물러 있던 두 명의 페르시아 수도사가 콘스탄티노플을 방문하여, 명주를 어떻게 만들 수 있는지 알아 왔다고 주장한 것이었다.

"우리는 종교적인 의무에 종사하는 동안에 누에를 키우는 방법 뿐만 아니라 명주실을 천으로 짜는 방법까지도 흥미를 가지고 관찰해 왔습니다. 이제 그런 지식을 팔고 싶습니다. 우리는 또한 누에 알을 중국 밖으로 반출하는 방법도 알고 있습니다. 누에의 애벌레나 나방은 모두 수명이 짧은 생물이어서 긴 여행 기간 동안 도저히 살아남을 수 없겠지만 누에 알이라면 여행이 8~9개월 걸리더라도 무사히 운반할 수 있을 것입니다."

유스티니아누스 황제 앞으로 불려 나간 수도사들은 명주가 누에에 의해 만들어진다는 새로운 정보를 제공하였다. 또 황제가 원한다면 누에를 몇 마리 손에 넣을 수 있는 계획을 가지고 있다는 기꺼운 소식도

전하였다.

이에 황제는 그들에게 명하였다.

"다시 중국으로 돌아가서, 그 누에 알인가 하는 명주실을 뽑아 내는 벌레의 알을 가져오라. 성공하면 후한 상을 베풀 것이다."

수도사들은 황제의 명에 승복하였다. 그것은 황제가 그들에게 막대한 재화를 상금으로 약속했기 때문이기도 하였지만, 한편으로는 명주의 제조와 판매라는 엄청나게 유리한 사업이 크리스트 교의 신앙을 모르는 이교도들의 손에 독차지되어 있는 실정을 못마땅하게 여긴 때문이기도 하였던 것이다.

어쨌거나 그 수도사들은 다시 중국으로 돌아가서 갖은 고생 끝에 누에 알을 손에 넣었다. 문제는 '그것을 어떻게 나라 밖으로 가지고 나갈 것인가.' 였는데, 이들은 그것을 상상 밖의 장소에 쉽게 감출 수 있었다.

그들이 항상 손에 들고 다니는 지팡이가 바로 그것이었다. 수도사의 필수 휴대품인 그 지팡이는 대나무로 만들어진 것으로, 속이 뻥 뚫려 있어서 누에 알을 감추는 데는 더할 나위 없이 안전한 장소였던 것이다. 중국인들은 어느 누구도 대나무 지팡이 속까지 들여다볼 엄두를 내지 못하였고, 그들은 그토록 귀중한 보물을 숨겨 놓은 그 지팡이를 무사히 콘스탄티노플로 가져올 수 있었다.

이윽고 그들은 황제 앞에 나아가 경위를 보고한 뒤, 누에 알을 양지바른 곳에 놓아 두었다. 얼마 지나서 알이 부화되었고 귀한 애벌레에게는 그 고장에서 자라는 야생의 뽕잎이 먹이로 주어졌다.

누에는 네 번의 탈바꿈을 하고 실을 뽑아 내어 고치를 지었다. 이윽고 수도사들은 중국에서 배워 온 방법에 따라 고치를 처리하였다. 그리고 마지막에는 몇천 년 전에 중국의 왕비 서릉씨가 시도한 예의 방법으로 명주실을 짜서 명주천을 만들었다.

단 고치 몇 개만은 뜨거운 물에 넣지 않고 살려 두었다. 그 고치 속에서 기어 나온 나방이 교미를 해서 알을 까도록 하기 위해서였다.

이렇게 해서 명주의 자급이 가능해졌다. 그로부터 몇백 년 뒤 중국으로부터 더 많은 누에 알을 수입하지 않으면 안 되기에 이르기까지는, 그 수도사들이 가져온 누에의 자손들에 의해 유럽의 견직물이 제조되어 간 것이었다.

진위를 둘러싸고

이처럼 견직물에 관해 전승되는 여러 가지 이야기 가운데 맨 처음에 나온 서릉씨의 전설은 역사적으로 어느 정도 근거가 있다고 볼 수 있다.

서릉씨는 중국에서 아득한 예부터 견직물 생산업의 창시자요, 수호신으로 숭앙되어 오고 있다. 또 그 나라에서는 몇천 년 전부터 부자들이 호화로운 비단옷을 입는 것이 보편적이었고, 그들의 예복 또한 비

단이었다는 사실에도 의문의 여지가 없다.

그러나 인도로 출가한 왕녀가 머리에 쓰고 갔다는 족두리 이야기는
여러 모로 그 근거가 빈약하다. 4세기 무렵 중국에서 태어난 왕녀라면
그 이야기의 주인공이 갖추고 있었던 정도의 지식은 소유했을 것이다.

왜냐 하면 왕족의 여성들은 대개가 견직물의 생산에 적극적인 관심을 기울이고 있었기 때문이다. 뿐만 아니라, 그 이야기의 배경을 이루는 시대에는 양잠 산업이 이미 인도에 퍼져 있었다는 사실이 확인되고 있다. 더욱이 인도에서 제조된 비단은 중국의 누에와는 품종이 다른 누에의 실로 짜여진 것으로 보이기 때문에 왕녀와 족두리의 이야기는 실화로 인정할 수 없는 것으로 여겨진다.

끝으로 유스티니아누스 황제의 치세(治世)에 관한 역사는 그 기록이 분명하고, 더욱이 그가 실제로 중국의 누에를 비잔틴 제국에 도입한 사실에는 이설이 없으니 일단 실화로 인정할 수 있다. 그러나 일설에 따르면 두 수도사—바실리우스 수도회 소속이었다는—가 누에 알을 입수한 장소는 중국 본토가 아니라 호탄(Khotan)이었다고도 한다.

또 누에 알의 은닉 장소에 관해서도 의문이 제기될 수 있는데, 대나무 지팡이의 속 빈 부분과 같은 좁다란 곳에 누에 알을 넣었다면 그 속의 온도로 인해 여행이 끝나기 훨씬 전에 알이 부화해 버렸을 것이 아니냐는 것이다. 물론 수도사들이 자주 누에 알을 꺼내어 열을 식혀 주었을 지도 모르지만 이야기에 그렇게 세심하게 배려했다는 구체적인 서술이 없는 것으로 보아 그런 의문도 있을 법하다.

그렇기는 하나 뽕나무의 재배가 황제 유스티니아누스에 의해 개시되고 누에가 이 새로운 땅에 어렵지 않게 정착한 것은 분명한 사실인 듯하다. 그 뒤로 그리스 인들은 중국의 비단에 뒤지지 않는—오히려 그보다 더욱 아름답기까지 한—비단을 생산하게 되었으며, 곧 폭발적인 인기를 끌어 사방팔방에서 주문이 쇄도하기에 이르렀다. 특히 빛깔이 다채로운 옷으로 멋을 부리고 싶어하는 젊은이들의 사치 성향을 타고 비단의 붐은 절정을 이루어 갔다.

황제 유스티니아누스가 이를 간과할 리 없었다. 그는 바로 이것이 재정적 수입의 원천이 된다는 것에 눈독을 들이고, 황제의 허가 없이 어느 누구도 일체 비단을 제조·생산할 수 없다는 포고령을 내렸다. 그리고 자가생산한 비단에 대해서 중국에서 수입된 비단도 일찍이 이르지 못했던 최고로 비싼 값을 매겨서 독점 판매하였다.

그리스 인들은 비단 제조의 비법을 엄중히 지켜 나가며, 12세기까지 크리스트 교 세계를 이루는 태반의 지역에 비단을 공급하였다. 그런 가운데 1146년에 서부 그리스가 정복되었다. 싸움에 이긴 정복군은 시칠리아(Sicilia)로 수많은 포로들을 데리고 갔다. 그 속에 비단 제조 기능공이 섞여 있었음은 말할 것도 없다. 이렇게 서로마 제국에서 견직물 생산업이 시작되었고, 이윽고 그 제조법은 이탈리아로 전해지고 다시 유럽의 여러 지방으로 전파되어 간 것이었다.

12

메리노와 메스터

에 스 파 냐 에 서 의 메 리 노

면 양 의 품 종 개 량

메 리 노 를 훔 쳐 라

에스파냐에서는 예부터 '메리노(Merino)'라고 불리는 뛰어난 품종의 면양이 산출되었다. 이 면양의 털은 가늘고 질이 좋아서 올이 촘촘한 고급 천을 짤 수 있었다.

영국은 이런 에스파냐의 양모를 12세기 무렵부터 몇백 년 동안이나 계속 수입해 썼다. 영국에서도 면양을 키우는 목축업이 장려되지 않은 것은 아니었지만, 영국 면양의 털은 굵고 거칠어 고급 직물을 짜는 데 적합하지 않았기 때문이다.

시대의 흐름과 더불어 유행도 크게 변해 가는 가운데, 특히 영국에서는 올이 촘촘한 직물에 대한 수요가 급증하였다. 그에 따라 영국의 직물업자들은 보다 섬세하고 우수한 양모를 더욱 많이 입수하려고 머리를 쓰지 않을 수 없게 되었다.

에스파냐에서의 메리노

가늘고 질이 좋은 양모를 손에 넣기 위해 영국에서는, 영국의 면양과 메리노 양을 교배시키는 방법을 생각해 냈다. 목양업이 성한 링컨셔(Lincolnshire)에 광대한 영지를 갖고 있는 조지프 뱅크스 경도 이 방법에 크게 마음을 빼앗기고 있던 터였다.

탐험가이자 자연 과학의 진흥에 많은 공헌을 한 과학자였던 뱅크스는 오래 전부터 목양업과 양모에 남다른 관심을 기울여 왔다. 특히 그가 살고 있는 링컨셔를 그토록 유명하게 한 긴 털 종류의 면양—'링컨(Lincoln)' 또는 '링컨 종(種)'으로 불리는—을 눈여겨보고 있던 참이었다.

아래의 이야기가 전개된 시대의 그는 왕립 학회의 회장으로, 국왕 조지 3세(George III, 1738년~1820년)의 두터운 신임을 받고 있었다. 조지 3세는 농업에 매우 열성적인 왕이었다.

그 무렵 메리노종의 면양은 에스파냐에서 매우 귀하게 다루어지고 있었다. 그것은 왕족을 비롯하여 **그랜디**라고 불리는 귀족, 그리고 부유한 수도원 원장 등 그 나라에서 가장 신분이 높고 부유한 사람들의 소유물이었다. 그들은 서로 단결해서 '메스터(Mesta)'라고 일컬어지는 조합을 만들었는데, 메스터에는 많은 특권이 주어져 있었다.

널리 알려져 있다시피 면양은 겨울에서 봄까지 평지의 목장에서 풀을 뜯어 먹고 살며 암컷은 보통 12월에 새끼를 낳는다. 4월이 되면 산악 지대로 몰려가서, 풀이 무성한 고지대에서 여름을 보내고 다시 가을이 오면 평지로 돌아온다.

면양들이 평지를 떠나 산악 지대로 갔다가 다시 돌아오기까지의 여정은 길고 지루했다. 하루에 약 20km씩, 가는 데만도 640km나 되는 길을 걸어야 했다. 당시 법률에는 면양들이 지나는 길은 풀이 난 도로이어야 하며 그 너비가 77m는 되어야 한다고 정해져 있었다.

그 도로는 각 지방을 이리저리 꼬불꼬불 돌고 있었는데, 도로가 지나는 땅의 임자들은 모두 한 해 두 차례씩 면양들의 이동에 대비해서—법에 따라—도로를 깨끗이 청소해 놓아야 했다.

도로에는 으레 적당한 거리를 두고 널찍한 휴게소가 마련되어 있어서 면양들이 풀을 뜯어 먹을 수 있었다. 그렇게 여행하는 도중에 면양들의 털은 깎여 나갔던 것이다.

엄청난 특권을 가진 메스터는 경찰에게 명하여, 면양들이 '이동 도중의 모든 위험·방해·저지 앞에서 보호받도록' 조처하였다. 어느 누구를 가릴 것 없이, 심지어 보행자조차도—면양 떼를 관리하는 종업원 이외에는—면양이 이동하는 동안에 그 길을 결코 다닐 수 없었다. 뿐만 아니라, 메스터는 면양들이 도중에 있는 어떤 목장—그것이 마을 사람 개인의 소유이건 공동의 소유건 간에—에서도 자유로이 풀을 뜯어 먹게 할 수 있는 특권도 가지고 있었다.

그런 여건 속에서도 머나먼 여로는 면양들에게 극심한 고통과 피로를 안겨 줄 수밖에 없었다. 더욱이 봄철의 여행은 새끼를 낳은 지 4개월이 채 못 된 상태에서 시작되기 때문에 여간 고통스러운 것이 아니었다.

이 때문에 메리노종의 면양은 절대로 살이 찌지 않았으며, 육질이 단단하고 뻣뻣하였다. 하지만 메리노종은 오로지 양모를 채취할 목적으로만 키워지는 것이어서 육질이 문제 될 일은 전혀 없었다. 게다가 당시 양고기는 가난한 사람들이나 먹는 것으로 여겨지고 있었던 것이다.

이동하는 도중에 몸이 약한 수많은 면양이 죽어 나가도 메스터는 그리 문제삼지 않았다. 면양이 번식을 거듭하여 집단이 너무 커지면 메스터가 통제할 수 없게 되므로 그런 폐단을 예방하기 위해서 해마다 많은 면양을 일부러 죽여야 했는데, 면양의 장거리 이동은 그들을 자체적으로 솎아 주는 한 방법이 되기도 했던 것이다.

면양의 한 떼는 대개 1만 마리로 이루어지며, 메스터가 임명한 한 명의 관리자에 의해 통괄되었다. 각 떼는 열 개의 조그만 그룹으로 나뉘고, 각기 다섯 명의 양치기와 개를 거느린 한 명의 하급 관리자에게 위임되었다.

조그만 각 그룹에는 대략 여섯 마리의 길들여진 숫양과 거세된 양이 섞여 있었다. '만소스(mansos)'라고 불리는 이들은 다른 면양들을 지도하게끔 훈련된 양으로, 목에 방울을 달고 있었으며 양치기의 명령에 따라 행동하도록 길들여져 있었다.

에스파냐의 왕실은 이 메리노 품종이 나라 밖으로 반출되어서는 안 된다고 몇백 년 동안이나 엄중히 단속해 오고 있었다. 한 마리라도 반출하는 사람은 사형에 처하였으며, 국왕만이 이를 수출할 수 있는 특권을 장악하고 있었다. 실제로 18세기 중엽에 에스파냐 왕은 몇 차례나 그 특권을 행사하기도 하였다.

1766년 에스파냐 국왕—카를로스 3세(Carlos III, 1716년~1788년)로 추측된다—은 그와 종형제가 되는 독일 하노버의 선거후에게 300마리의 면양을 선물로 보냈다. 국왕은 이 종형제가 퍽이나 마음에 들었던 모양인지, 최상급의 면양을 보내라고 명하고 만약 자신의 명대로 시행되지 않으면 담당자에게 15년 징역형을 부과하겠다고 엄포를 놓을 정도였다.

그렇게 300마리를 보낸 다음에도 국왕은 또 한 차례 질 좋은 면양을 선물하였다. 이렇게 보내진 면양에서 우수한 한 품종이 작센(Sachsen, 옛 선거후국)에서 태어나게 된다.

한편 거의 같은 무렵에 적으나마 한 떼의 메리노가 프랑스로 수출되어 토종 면양과 접붙여졌다. 이것이 큰 성공을 거두자 프랑스뿐 아니라 영국에서도 메리노 품종에 대한 관심이 크게 고조되었다. 그런 가운데 몇몇 영국인 농가에서 메리노종을 몇 마리 사들여서 전부터 키워

오던 면양과 교배시키는 일이 시도되었다.

메리노를 훔쳐라

영국의 국왕 조지 3세는 흔히 '농부 조지'로 불릴 만큼 농사에 관심
이 깊었다. 그는 런던 근교의 큐(Kew)에 큰 농원을 차려 놓고는 자주 들
르곤 하였다.

그런데 어느 날 시종무관인 펄크 그레빌 대령과 같이 말을 타고 농
원을 찾아가던 국왕은 도중에 문득 말을 멈추고 길가의 양 떼들을 유
심히 살펴보았다. 그레빌은 국왕에게 면양의 여러 품종에 관해 설명한
뒤, 에스파냐로부터 도입된 메리노종이 작센의 면양을 크게 개량한 소
식을 전해 올렸다.

국왕은 퍽이나 강한 인상을 받았던지, 그 에스파냐 면양을 영국으로
도 도입할 수 없겠느냐고 물었다. 그레빌이 "안 될 일은 없겠지만…"
이라며 말끝을 흐렸더니, 국광은 즉시 그 방법을 알아내서 보고하라는
분부를 내렸다.

그레빌은 당장 그 무렵 열성적인 목양업자로 소문나 있었던 조지프
뱅크스를 찾아가 메리노종 양의 도입 문제를 상의하였다. 그것이 극히
어려운 일이라는 것을 누구보다 잘 알면서도 뱅크스는 기꺼이 자신이
그 일을 맡겠다고 하였다.

144

　에스파냐 국왕은 조지 3세와는 아무 인척 관계도 없었으므로, 작센의 종형제에게 한 것처럼 영국 왕에게도 면양을 선물할 것으로는 기대할 수 없었다.

　뱅크스의 말에 의하면 "에스파냐 국왕의 특허장 없이는 면양을 에스파냐 항구로부터 실어 낼 방법이 전혀 없었는데, 과연 특허장을 입수할 수 있을지 도무지 의문스러웠다"는 것이다.

　어느 역사가의 증언에서도 '메리노 품종을 몇 마리 모아 놓고 이를 나라 밖으로 반출하기 위한 책략이 강구되었다.'는 이야기를 찾아볼 수 있는데, 사실 그들이 시도하려고 했던 것은 일종의 밀수 행위와 같은 상거래였다.

그 무렵의 유럽에서 '동물이 국경을 넘어가는' 경우를 포함한 밀수 행위는 각국의 국경에서 흔히 있는 일이었다. 특히 에스파냐와 포르투갈 사이의 국경과 피레네 산맥이 가로지르고 있는 에스파냐와 프랑스 사이의 국경 지대에서 그런 일이 성행하였다.

뱅크스는 바로 그 점을 눈여겨보고 계획을 세웠다. 그는 에스파냐와 포르투갈의 국경 지대가 메리노 면양의 반출에 가장 알맞을 거라 판단했다.

첫째, 포르투갈과 접경하고 있는 에스파냐의 에스트레마두라 지방은 목양업이 번창하는 곳이었다. 둘째, 그 일대는 에스파냐에서도 가장 인구가 적은 지역 가운데 하나였다. 그렇기 때문에 일단 국경만 넘으면 버젓이 양 떼를 몰고 포르투갈의 항구까지 가서 영국행 선박에 실을 수 있었다.

가장 적합한 시기는 9월 하순부터 4월 초순에 걸친 기간이었다. 그 무렵은 양들이 동녘 또는 북녘의 산악 지대로 이동하기—국경 지대로부터 먼 지방으로 옮겨 가기—전이어서 포르투갈의 국경과 가까운 일대에서 키워지고 있었던 것이다.

뱅크스는 은밀히 포르투갈의 관리에게 사람을 보내어 에스파냐의 면양을 포르투갈을 거쳐 영국으로 반출할 수 있겠는지 그 가능성을 타진하였다. 그 뒤에 뱅크스의 한 친구가 포르투갈로 가서 그 관리를 만나 그가 이미 에스파냐의 양치기들을 상대로 국경의 산 너머로 면양을 반출할 공작을 펴고 있었다는 사실을 전해 왔다.

이 일에 대해 뱅크스가 기록으로 남겨 놓은 것은, '포르투갈과 접경하는 에스트레마두라 지방에서 먼저 면양을 사 모으고, 그것을 리스본에서 영국행 선박에 싣는 것이 상책이라고 생각되었다.' 이렇게 몇 줄밖에 되지 않기 때문에 그 책략의 상세한 경위는 알 수가 없다.

앞서 말했듯이 메스터는 각 면양 집단의 규모가 무한정 커져서는 안 된다고 규정하였으므로, 해마다 늙은 면양들이 많이 죽임을 당하고 젊은 면양으로 채워졌는데 이 때문에 양치기들이 죽여야 할 늙은 면양을 죽이지 않고 몰래 팔아넘기는 일도 비일비재하였다. 뱅크스가 사 모은 면양들도 이렇게 여러 곳에서 몰래 빼돌려진 면양들이었을 것으로 추정된다.

아마도 뱅크스가 보낸 사람들은 이처럼 여러 군데에서 면양을 조금씩 사들인 뒤, 밀수꾼들이 으레 하는 절차에 따라 국경을 넘었을 것이다.

조지프 뱅크스는 이 길고 지루한 면양 밀반입을 끝낸 후 이런 기록을 남겼다.

이 귀중한 동물 수입은 1788년 3월에 도착하기 시작하여 조금씩 계속 수입된 끝에 드디어 적으나마 한 그룹이 완성되었다.

그러나 이렇게 내밀히 부랴부랴 일을 추진하다 보니, 기대에 못 미치는 저급의 양들이 수입되는 일이 허다했다.

조지 3세는 양들을 직접 눈으로 확인하고 실망을 금치 못했다. 그는 고심 끝에 그런 양들은 이종교배(異種交配)의 실험에 도저히 사용할 수 없다며, 보다 좋은 메리노를 구하고자 공식 루트를 통해서 에스파냐와 정식으로 교섭을 벌이기에 이르렀다.

에스파냐 왕은 이 요청을 거절할 수 없어 하는 수 없이 승낙하긴 했지만, 만약 그것이 조지 3세의 특별 의뢰가 아니었다면 수출 특허장은 발행되지 않았을 지도 모른다.

이렇게 해서 수입된 면양은 '네그레테(Negrete)'라는 유명한 품종이었다. 이 품종은 메리노종의 면양 가운데서도 가장 덩치가 큰 면양을 산출하는 특징을 갖고 있었다. 이 보물—그 뒤에 이것이 보물임이 입증되거니와—을 받자 국왕은 타고난 선견지명을 발휘하여, 전에 포르투갈을 통해서 입수한 면양은 모두 즉시 처분하도록 명하였다. 아울러 될 수 있는 대로 네그레테 종을 늘려서 그 혈통을 극도로 순수하게 보존해 가도록 지시하였다.

13

고무의 발달

고 무 를 붙 인 방 수 포 의 발 명

가 황 고 무 의 발 견

파 라 고 무 나 무 의 씨 앗

　　콜럼버스가 서인도 제도를 두 번째로 항해
하기 전까지만 해도 고무는 세상에 알려지지 않았었다. 콜럼버스
의 부하들은 서인도 제도 아이티(Haiti) 섬의 원주민들이 나
무의 진으로 만든 공을 가지고 노는 모습을 처음으로 목
격하고 놀라움을 금치 못했다. 그 공은 실을 감아서 만
드는 **카스티야**의 공보다 크고 가벼우면서도 더 높이 튀어
올랐다.

고무의 발견

　　그 공의 원료는 아이티 섬의 뜨겁고 습한 기후에서 자라는 어떤 나
무에서 나왔는데, 나무 줄기에 상처를 내고 거기서 흘러나
오는 진한 우유 같은 진액을 모은 것이었다. 이 액체는
뒷날 **라텍스**라고 불리게 되었다.
　　원주민들은 상처를 치료하거나 먹는 약을 만들 때를
비롯하여 주술(呪術) 의식이나 마술에도 이 라텍스를 사용하였

다. 라텍스는 유럽으로 수출되기는 했지만, 18세기 말엽에 이르도록 상업적 가치를 거의 인정받지 못했다.

생고무의 용도는 그 때까지 극히 제한된 범위 안에 국한되어 있었는데, 그 용도 중 하나는 조지프 프리스틀리(Joseph Priestley, 1733년~1804년, 영국의 신학자, 화학자, 화학편 제14장 참조)의 글에 남아 있다.

그는 이 물질이 종이에 묻은 검은 연필 자국을 지우는 데 매우 적합하며, 한 변이 2.5cm 정도 되는 입방체의 값이 3 **실링**이나 되지만 아마 몇 해 동안 쓸 수 있을 것이라고 했다.

이와 같은 용도에 따라서 이 물질은 인도로부터 온 러버(rubber, 비비는 것), 곧 '인디아 러버'라고 불리게 되었고, 이것이 바로 오늘날 지우개의 시초이다.

고무를 붙인 방수포의 발명

1823년 스코틀랜드의 화학 공업가 찰스 매킨토시(Charles Mackintosh, 1766년~1843년)는 물감을 만드는 데 필요한 대량의 암모니아를 구하고자 가스 공장과 교섭을 벌이고 있었다.

그 시절에는 석탄에 공기를 차단하고 가열, 분해해서 휘발 성분과 비휘발 성분으로 가르는 작업을 거치면 가스와 코크스(cokes) 외에도 암모니아의 수용액(水溶液)과 타르(tar) 및 물과 타르의 표면에 뜨는 콜타르 나프타 이 세 가지 물질을 얻어 낼 수 있었다.

그가 찾아간 글래스고(Glasgow)의 가스 공장 매니저는 매킨토시에게 콜타르 나프타도 같이 가져간다면 암모니아를 팔겠다는 조건을 내걸었다. 콜타르 나프타는 조선소에서 방부제로 목재에 칠하는 것 외에는 아무런 쓸모도 없는 그야말로 무용지물이었기에, 그것을 폐기하기 위해서는 일부러 몇 km나 떨어진 시골까지 가야 했기 때문이다.

매킨토시는 그런 속사정이 뻔히 들여다보여 입맛이 썼지만, 그에게는 암모니아의 필요성이 절실했으므로 울며 겨자먹기로 폐기물 전량을 구입하기로 승낙하였다.

그보다 몇 해 전에 화학자들은 라텍스를 실험하여 그것이 몇 가지 액체에는 녹는다는 사실을 발견했다. 기왕에 사들인 콜타르 나프타를 그냥 버리기가 아까웠던 매킨토시는 콜타르 나프타가 라텍스를 녹이는지 실험해 보기로 했다. 매킨토시의 예상대로 라텍스는 보기 좋게 녹았다. 더구나 그 용액을 접시에 담아 두었더니, 물이 증발하면서 접시에 엷은 고무막이 생기는 것이 아닌가.

매킨토시는 고무막이 물을 투과시키지 않는다는 것을 알고, 고무의 이런 성질을 적절히 이용해서 실용적인 물품을 만들어 보기로 했다.

먼저 콜타르 나프타에 녹은 라텍스를 천의 한쪽 면에 바른 뒤 그대로 증발시켰더니 천의 표면에 엷은 고무막이 남았다. 이로써 천은 물을 투과시키지 않게 되었다. 즉 방수성(防水性)을 얻게 된 것이었다.

매킨토시는 여기서 용기를 얻고 실험을 계속하여 방수포(防水布)를 대량으로 생산하기 시작하였다.

먼저 고무(라텍스)를 콜타르 나프타에 녹여서 용액을 만든다. 천을 마련하여 각기 한쪽 면에 솔로 이 용액을 칠한다. 그대로 놓아 두면 오일의 태반이 증발하여 용액은 찐득찐득해진다. 이렇게 된 천의 두 면을 합쳐서 눌러 붙인다. 오일이 완전히 증발하면, 그 뒤에는 3층의 샌드위치—바깥쪽 천의 2층이 가운데의 라텍스 층에 의해 단단히 밀착한—모양이 형성되는 것이다.

매킨토시는 이 방수 원단으로 특허를 얻어 최초의 방수 코트를 제작하였는데, 이렇게 만들어진 방수 코트는 최초 고안자인 그의 이름을 따 '매킨토시(mackintosh)'라고 불리게 되었다.

가황고무의 발견

초기의 매킨토시는 확실한 방수 효과로 인기를 끌 수 있었다. 그러나 여름이 되어 기온이 높아지면 가운데의 고무 층이 말랑말랑하고 끈적끈적해지면서 밖으로 녹아 나오고, 겨울이 되어 기온이 낮아지면 천이 장작개비처럼 뻣뻣해져 버리는 문제점이 곧 발견되었다. 한겨울에 방수 코트를 벗어 놓으면 그대로 뻣뻣이 서 있을 정도여서 구태여 옷

걸이에 걸 필요조차 없었던 것이다.

이렇듯 기온에 따라 성질을 달리 하는 고무의 문제점을 개선할 방법을 처음 찾아 낸 사람이 바로 헤이워드(Hayward, 1808년~1865년)였다. 그는 1836년, 생고무에 가루로 된 유황을 넣고 가열하여 고무의 탄성을 증가시키는 실험에 성공하여 특허를 취득하였다.

비슷한 시기에 기온 변화에 견디는 고무를 만드는 일에 관심을 가졌던 찰스 굿이어(Charles Goodyear, 1800년~1860년)는 헤이워드와 손잡고 같이 일을 하였고, 1839년에는 헤이워드의 특허권과 고무 공장까지 사들여 본격적으로 실험에 돌입하였다.

전해지는 이야기에 따르면 굿이어가 기온 변화에 견디는 고무를 만들어 낸 것은 아주 우연한 사건 때문이었던 것 같다.

그는 고무와 유황을 테레빈 유에 섞어서 녹이느라 냄비 손잡이를 쥔채 친구와 토론에 열중하고 있었다. 자신의 주장을 열심히 강조하다가 그는 자신도 모르게 손을 흔들어 댔고, 그 바람에 냄비를 놓치고 말았다. 냄비 속에 녹아 있던 고무는 시뻘겋게 달궈진 난로 위에 떨어져 버렸다. 그런데 끈적끈적하게 녹아 흘러내려야 할 고무가, 신기하게도 녹아 내리지 않고 지글지글 그을어 가는 것이 아닌가.

굿이어는 몹시 놀라기는 했지만 당시에는 그 사실에 대해서 그다지 큰 흥미를 느끼지 못했었다. 시간이 좀더 흐른 뒤에야 만일 고무가 그을어 타는 과정을 적정한 시점에서 멈출 수 있다면, 고무가 지닌 본래

의 **점착성**을 없앨 수 있을지도 모른다는 생각이 떠올랐던 것이다.

거듭된 실험 끝에 마침내 가열해도 녹거나 끈적끈적해지지 않고, 냉각해도 딱딱하게 굳어지지 않는, 언제나 탄력성을 가지는 고무를 만들 수 있게 되었다. 이렇게 처리된 고무는 '가황(加黃)고무'라고 불리게 되었다.

훨씬 뒷날에 이르러 굿이어는 그 때의 경위를 이렇게 적었다.

나는 훨씬 전부터 '탄성(彈性)고무를 만들자.'는 목표를 달성하려고 애써 왔으므로, 조금이라도 관계가 있는 일은 무엇 하나도 나의 주의를 벗어날 수 없었다. 그것은—뉴턴의 경우처럼—사과나무에서 떨어지는 사과와도 같이, 자신의 연구 목표를 위해서는 과연 쓸모가 있을지 없을지 모르지만 어떠한 사건에서도 추론을 끄집어 내려는 자세를 갖추고 있는 정신의 소유자에게 하나의 중요한 사실을 암시하는 것이었다. 그러나 발명자는 이들 발견이 과학적인 연구의 결과는 아님을 인정하면서도, 그것을 일반적으로 우연이라고 불리는 것이 낳은 결과라고는 인정하고 싶지 않아 가장 빈틈없는 추리를 적용했다고 주장하는 것이다.

파라고무나무의 씨앗

산업계에서는 이 같은 가황고무의 방대한 용도를 즉각적으로 발견해 냈다. 그에 따라 1830년에는 원료인 생고무가 고작 25t밖에 영국에 수입되지 않던 것이, 1870년에는 8,000t으로 증가하게 되었다.

이러한 고무 산업의 성장 속도와 규모를 볼 때, 앞으로 발전 가능성이 무한하다고 판단한 큐 식물원의 과학자들(생물·의학편 제14장 참조)은 극동 지역의 영국 식민지에서 고무나무를 재배할 가능성에 주의를 기울이고 있었다.

생고무는 고무나무의 즙에서 나오는 라텍스에서 만들어지므로, 과학자들의 첫 과제는 라텍스를 만들 수 있는 여러 종류의 고무나무에 관한 정보를 입수하는 것이었다. 특히 극동의 식민지에 이식했을 때 가장 많은 수확을 이룰 성싶은 종류의 고무나무를 골라 내야 했다.

그들은 브라질에서 수없이 많이 자라고 있는 파라고무나무(Para rubber tree)가 가장 적합하다고 판단하였다. 아닌게아니라 브라질에서는 아마존 강과 그 지류가 관개(灌漑) 작용을 하는 광대한 땅에 거대한 파라고무나무의 숲이 몇 천 제곱미터나 되는 넓이로 널려 있었던 것이다.

브라질의 원주민들은 파라고무나무의 채취를 위해서 나무의 밑둥 가까이에서 나무 껍질에 깊은 홈을 여러 줄 판 뒤, 맨 아래의 홈 밑에 조그만 잔을 갖다 대고 밑둥에서 흘러 떨어지는 우유 같은 액을 받아 모았다. 이렇게 모은 라텍스를 불에 쬐어 연기로 그을려 말리면 고체의 생고무가 되었다.

큐 식물원에서는 브라질로부터 약간의 파라고무나무의 종자를 훔쳐 내서 키운 뒤, 1873년에 묘목을 인도의 콜카타로 운반해 심었지만 살아남은 것이 거의 없어 실패로 끝났다.

그 무렵 브라질에 오랫동안 영림관(營林官)으로 고용되어 근무한 헨리 위컴(Henry Wickham, 1846년~1928년) 경은 영국 정부의 인도부(印度部) 장관으로부터 파라고무나무 종자를 대량으로 얻어 갈 수 있도록 시도해 달라는 교섭을 받았다. 그러나 브라질로부터 종자를 공식 반출하려면 틀림없이 브라질 당국에 저지당할 것이기에, 위컴은 어떻게든 파라고무나무의 종자를 비밀리에 반출하기로 결심했다. 그는 당시의 상황을 이렇게 기록하고 있다.

나의 방문 목적을 눈치채면 브라질 당국은 틀림없이 우리를 구속할 것이 뻔했다. 나는 마컴(Coemeden Robert MarKham, 1830년~1916년)이 킨키나나무 묘목을 페루에서 영국으로 가지고 가려다 갖은 곤욕을 치른 이야기를 이미 들어 알고 있었던 것이다(생물·의학편 제14장 참조).

위컴은 타파조스 강 가까이의 고원 지대에서 자라는 파라고무나무에서 종자를 받기로 하였다. 타파조스 강은 아마존 강의 지류로, 산타렘이라는 조그만 도시에서 본줄기와 합류하였다. 아마존 강의 상루에 있는 산타렘은 작은 도시였지만 항구에는 대양을 항해하는 선박이 닿을 수 있는 곳이었다.

이윽고 위컴이 산타렘에 이르자, 범선 아마조너스 호가 정기 항해차 이 내륙의 항구에 들어왔다. 이 배에는 두 무역 상인이 타고 있었는데, 그들은 영국으로부터 싣고 온 물건을 판 뒤 그 돈으로 이 고장의 물건을 사 가지고 갈 사람들이었다.

그러나 이들은 물건을 팔고 큰돈을 벌자 마음이 변하여 어디론가 달아나 버렸다. 배에 남아 있던 마레 선장은 싣고 온 짐의 운임도 건지지 못했을뿐더러 영국으로 싣고 갈 짐도 구할 수 없어 그야말로 이러지도 저러지도 못할 처지에 빠지고 말았다.

위컴은 마레 선장의 딱한 사연을 듣고 그와 협상을 벌이기로 했다. 때마침 파라고무나무의 종자가 무르익어서 수확을 해야 할 시기였다. 그는 종자를 실어 보내고 선장은 운임을 챙길 수 있었으니, 협상만 된다면 그야말로 누이 좋고 매부 좋은 일이 되는 것이었다.

위컴은 선장에게 짐을 런던까지만 싣고 가면 즉시 영국 정부의 인도 장관이 운임을 지불할 거라고 설득하고 배를 인도부의 이름으로 대절하였다. 마레 선장이 귀로에 싣고 갈 짐을 확보한 기쁨으로 들떴던 것은 말할 것도 없다.

위컴은 그 길로 조그만 카누를 빌어 타고 타파조스 강을 거슬러 올라 파라고무나무 밀림에 이르렀다. 그리고는 즉시 수많은 원주민들을 고용하여 씨앗을 모아들였다. 날마다 무거운 짐을 진 토인들이 마을에 가설한 그의 캠프로 돌아왔으며, 아낙들은 씨앗을 햇빛에 말린 뒤 말린 바나나 잎으로 싸서 등나무로 엮은 바구니 속에 채우곤 하였다.

드디어 충분한 씨앗이 채집되어 포장이 끝나자 위컴은 이것을 배 위의 바람이 잘 통하는 앞 선창에 줄줄이 매달아 놓았다. 항해 준비는 완료되었으나 수출용 짐을 싣고 강을 내려가는 선박은 모두 파라 시의 항구에 정박하여 출국 허가가 나올 때까지 기다려야만 했다.

당시에는 브라질 정부가 고무나무의 종자 유출을 막기 위해 항구를 엄격히 통제하고 있을 때였는데, 파라고무나무의 씨앗을 반출한다는 사실이 알려지면 출국 허가가 나지 않을 것은 뻔한 일이었다. 이어 위컴은 파라 주재의 영국 영사관을 찾아가서 협력을 요청했다. 이윽고 영사는 위컴을 데리고 항구를 찾아가서 세관의 책임자에게 진정하였다.

"저 배에는 영국 국왕 폐하 직속의 큐 왕립 식물원에 심기 위해 특별 주문된 극히 예민한 식물이 실려 있습니다. 이 식물을 한시바삐 영국으로 싣고 가지 않으면 여행 기간이 길어져 식물이 적응하지 못하고 말라죽어 버릴 것입니다."

위컴은 이렇게 역설하고는 짐을 받을 사람이 영국 국왕 폐하임을 인정하거든 이토록 화급을 요하는 배의 출범을 허가해 줄 것으로 확신한다고 못을 박았다.

거기에 한술 더 떠서, 영국 영사와 함께 세관장을 '각하'로 불러 주며 아양을 떨어 추켜올려 주었다. 이런 공세 앞에서는 세관장도 강해 내지 못하고 그 배가 짐을 검사하지 않고 출범하도록 허가해 주고 말았던 것이다.

위컴은 기쁨을 안고 부랴부랴 배로 돌아가서 곧 닻을 올렸다. 배가 앞바다로 나가 항로를 영국으로 돌리자, 그는 비로소 마음을 놓고 씨앗을 갑판 위로 올려 바구니에 넣고는 그대로 주둥이를 벌린 채 배 안 가득히 매달았다. 통풍을 위해서뿐만 아니라 배 안에 들끓는 쥐의 먹이가 되는 것을 막기 위해서였다.

그해 8월, 약 1,900그루의 묘목이 '워드의 식물 상자'에 넣어져서(생물·의학편 제14장 참조) 원예학자 하나가 따라붙은 가운데, 영국을 떠나 **실론**으로 출항하였다. 그 이듬해에는 잘 자란 묘목들이 싱가포르와 말레이시아 등을 비롯한 동쪽의 영국 식민지로 보내졌다.

파라 항구의 세관 공무원이 위컴을 저지하려고 전혀 애쓰지 않았다는 사실은, 위컴의 염려가 실제로는 터무니없는 것이었음을 입증한다고 할 수 있다. 만일에 파라고무나무의 반출을 엄금하는 명령이 내려져 있었더라면, 세관장은 그것이 영국 국왕 아니라 국왕 할아버지의 특별 부탁이라고 했다 하더라도 그들 말에 고분고분 순응하지 않았을 것이다. 또한 파라 시 주재의 영사 역시 현지에 그런 명령이 내려져 있다는 사실을 알면서도 위컴과 동행해서 세관장을 설득하러 가지는 못했을 것이다.

일이야 어쨌든 간에 위컴의 그와 같은 '훔쳐 내기' 행동은 영국 식민지 번영 시대를 확고히 열어 주었고 오늘날 영국이 선진국으로 발전하게 된 원동력이 되었다.

파라고무나무는 매우 성장이 빨라서 심어진 지 5년도 지나기 전에 이미 라텍스를 산출하였고, 정성들여 돌보면 20년 동안은 산출을 계속해 낼 수 있었다. 그 결과 20세기 초엽에는 이미 극동 여러 지역에 광대한 고무나무 밭이 확고히 자리잡게 되어, 대영 제국 산하의 나라들뿐만 아니라 전세계의 필요량을 거의 모두 공급하였던 것이다.

위컴의 공적에는 충분한 포상이 베풀어졌다. 그는 가지고 간 씨앗에 대한 대가로 미리 정해져 있었던 큰돈을 받고 아울러 고무나무 밭의 검사관으로 임명되었다. 그 후 1911년에는 고무나무 재배에 관한 업적에 대해서 **나이트**의 작위가 주어졌다.

14

대장장이와 바이올린

또 하 나 의 전 설

폴 리 의 실 상 과 허 상

못은 몇백 년 전부터 영국 스태퍼드셔
(Staffordshire) 주의 스타브리지 근방에서 만들어져 왔다. 이 곳에서는 옛
날 존(John, 1167년~1216년) 왕의 통치 시대에 이미 못을 만드는 일이 중요한
산업이 되어 있었던 것이다.

약 330년쯤 전까지는, 못은 모두 수공으로 만들어지고 있
었다. 대장장이들은 으레 우두머리로부터 가늘고 기다
란 막대기 모양의 **시우쇠**를 지급받게 마련이었다.
이 막대기는 **단철**의 넓적하고 평평한 판을 세로로
재단해서 만든 것이다.

장공들은 이것을 가지고 가서, 제 집 또는 대장
간이라고는 부를 수조차 없는 누추한 오두막이나 곳
간 같은 데서 세공하여 못으로 만들었다. 그럴 때면 으
레 남녀노소를 가리지 않고 가족 전체가 일을 거들게 마련이었다.

먼저 시우쇠를 불에 넣어 시뻘겋게 달군다. 가족 가운데 어린 아이
는 풀무질을 해서 불이 한껏 잘 타게 한다. 일반적으로 어머니는 뻘겋
게 달궈진 시우쇠를 모루 위에 눌러 주고, 아버지가 해머로 몇 번이고

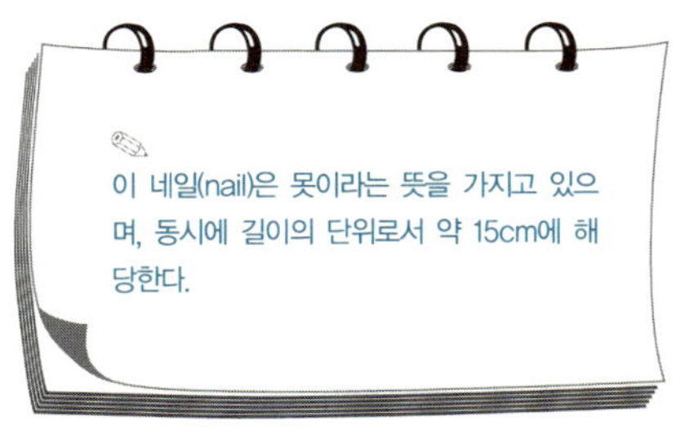

힘껏 두드려 한쪽 끝을 뾰족하게 한 뒤 '네일의 길이'로 잘라 낸 것을 또 한번 가열해서 모루에 나 있는 구멍에 꽂아 넣는다. 그리고는 모루 표면에 삐져나온 뭉툭한 곳을 아버지가 해머로 두어 번 두드려서 납작하게 하여 못의 대가리를 만든다.

이렇게 하나 또 하나 못을 만들어 내려면 시간이 여간 걸리는 것이 아니었다. 따라서 그 시절의 못은 값이 매우 비싸고 귀했으며 일상적으로 많이 쓰이지 않았다.

못 만들기의 비밀

그 뒤 17세기 초엽에 이르러 시우쇠의 넓적한 판자를 세로로 가늘고 길게 재단하는 기계가 발명되자, 못의 가치가 크게 떨어졌다. 그것이 어느 나라에서 발명되었는지는 분명하지 않은데, 러시아나 스웨덴 또는 네덜란드 등이 후보로 꼽힌다. 문제는 어느 나라였든 간에 그 기계의 설계가 극비에 부쳐졌다는 데 있었다.

기계의 발명으로 인해 스타브리지의 철기 제조업자들은 값싼 기계제의 못에 도저히 맞설 수 없음을 절감할 수밖에 없었다. 전하는 말에 따르면 그런 업자 가운데 리처드 폴리라는 젊은이가 러시아로 가서 그 기계의 비밀을 탐지해 오고자 결심하였다 하는데, 그는 무엇 때문인지 친구들에게는 런던으로 갈 작정이라고 말하고 떠났다 한다.

떠날 때 그의 손에는 바이올린 하나가 쥐어져 있었다. 그는 아주 열성적인 바이올리니스트였다. 이윽고 그가 닿은 곳 ― 런던이 아닌 러시아 땅 ― 에서, 리처드는 이 바이올린을 켜서 끼니를 이어 가며 마을과 마을을 누비고 다녔다.

그렇게 헤맨 끝에 마침내 그는 못 공장이 있는 어느 마을에 닿게 되었다. 도착한 날 리처드는 온종일 바깥에 있어야 했는데, 그를 가엾이 여긴 공장의 간부 하나가 그를 안으로 불러들여 삶은 옥수수와 쇠기름으로 만든 러시아 수프를 먹여 주었다.

리처드는 친절한 대우에 보답하고자 그가 곧잘 하는 프랑스 어를 그 집의 아이들에게 가르쳐 주었고, 이 일을 계기로 그 집 식구들과 같이 지내게 되었다.

리처드가 날마다 흥겹게 바이올린을 켜며 노동자들을 즐겁게 해주자 노동자들도 그를 '프랑스의 바이올리니스트'라 부르며 스스럼없이 대했다.

리처드는 못 만드는 일에는 아무 흥미가 없는 양 공장 안의 일을 거들떠보지 않았고 공장 근처에는 얼씬도 하지 않았다. 못의 재료가 되는 귀중한 쇠막대기가 짐수레에 실려 다른 곳으로 실려 나가는 광경이 날마다 눈에 띄었지만 그는 아랑곳하지 않았다.

그 무렵 공장 안에 쥐가 들끓어서 공장장은 두 마리의 개를 길들여 쥐를 잡도록 하고 있었다. 그런데 기묘하게도 개들이 좀처럼 공장 안에 있으려 하지 않고 자꾸 리처드에게로 가곤 하였다. 심지어 공장장이 데리고 공장 안에 들어가 있을 때조차도, 그 중 한 마리가 잽싸게 달려나와 리처드에게 갈 정도였던 것이다.

개들이 쥐를 잡지 않자 공장 안은 쥐들의 천국이 되었다. 공장의 매니저는 결국 프랑스의 바이올리니스트를 고용해서 공장 안에 불러들여 바이올린을 켜게 하자는 제안을 공장장에게 하기에 이르렀다. 그렇게 하면 개도 공장 안으로 들어와 쥐를 잡을 것이고, 바이올리니스트

에게 지불할 임금은 잡은 쥐의 수에 따라 정하면 된다는 것이었다.

리처드 폴리가 이 일을 마다할 리 없었다. 즉시 사무실 안에 침대가 들여졌고, 그 뒤로 그는 공장 안에서 바이올린을 켜며 하루하루를 유유자적하게 보냈다.

리처드는 이렇게 우랄 산악 지대의 기슭에 있는 유명한 재단 공장에서 모든 사람들의 인기를 한 몸에 받으며 지내게 되었다. 그러던 어느 날, 그는 종이와 물감 같은 것을 주면 파리의 노트르담 성당을 그려 보이겠다는 제안을 했다. 사람들은 신기해하며 그에게 종이와 물감을 선뜻 내주었다.

이 뒤로 리처드는 낮에는 기억을 더듬어 아름다운 경치와 유명한 문화 유적들을 그렸고, 밤에는 그에게 충직한 개밖에 아무도 없는 공장 안에서 기계를 면밀히 살펴보고 설계도를 그렸다. 퍽 오랜 시간이 걸렸지만 마침내 설계도를 베끼는 작업은 완성되었다. 그러자 그는 미련 없이 공장을 떠나 영국으로 돌아갔다.

그가 스타브리지로 돌아오자 마을의 기술자들은 그가 가지고 온 설계도대로 기계를 만들었다. 그러나 유감스럽게도 기계는 단철의 넓적한 판을 재단하지 못했다. 그제야 리처드는 귀국 도중에 설계도 가운데 몇 장을 잃어버렸다는 것을 깨달았다.

리처드는 다시 바이올린을 들고 러시아의 그 재단 공장으로 돌아갔다. 공장장과 노동자들은 그를 환영해 마지않았고, 개들도 그를 잊지 않고 반겨 주었다.

리처드는 예전처럼 공장 사무실에 기거하며 기계의 설계도를 확인해 그림으로 묘사하는 일을 시작했다. 다시 1년을 그렇게 지내고서야 잃어버린 부분을 완전히 보완할 수 있었다.

그는 다시 영국으로 돌아가 새로운 설계도에 따라 기계를 만들었다. 새 기계는 과연 보기 좋게 쇠막대기를 절단하기 시작하였다. 어느 한 역사가는 그 막대기가 러시아 사람들이 만들어 냈던 것보다도 훌륭했다고 적은 바 있다.

음악에 능한 이 산업스파이의 이야기는 물론 억지스러운 점이 없지 않다. 특히 러시아까지 그 머나먼 길을 두 번씩이나 왕복한 것과 똑같은 장소에서 똑같은 상황이 벌어졌다는 사실이, 도무지 믿겨지지 않는 동화 같기만 하다.

그 때문인지 이 이야기에는 여러 가지의 변형이 있다. 그 중 하나는 첫 번째 시도가 왜 실패했는가를 별개의 이유로 설명하고 있으므로, 되풀이해서 소개할 만한 가치가 있을 것 같다.

또 하나의 전설

변형된 이야기에 따르면, 리처드 폴리라는 사람은 못을 전문으로 만드는 장공이긴 하였으나 번 돈을 모두 맥주로 마셔 버리는 주정꾼이었다. 늘 그랬듯이 그가 어느 날 선술집에 앉아서 술을 마시고 있자니,

그의 아내가 찾아와서 빚쟁이가 소를 가져갔다고 울며불며 야단이었다. 그제야 부끄러운 생각이 든 리처드는 진심으로 뉘우친 후 새 사람이 되겠다고 결심하고 무작정 길을 떠났다.

그는 스타브리지를 떠나 한동안 돌아올 줄을 몰랐다. 3년이 지난 후, 그는 네덜란드—러시아나 스웨덴이 아니라—로부터 돌아왔다. 그의 말로는 고향을 떠난 뒤 뱃삯을 벌어서 네덜란드로 건너갔다고 했다. 그곳에서 그는 아둔한 멍청이로 행세하며 재단 공장이 있는 마을에 가서 피리를 부는 거지 노릇을 하였다.

2년이나 그렇게 지내다 보니, 그는 좀 모자라는 피리꾼쯤으로 일대에 알려져 관계자 외에는 출입이 금지된 재단 공장에도 자유로이 드나들 수 있게 되었다. 공장을 마음대로 드나들며 그는 기계의 구조와 기능을 세밀히 살펴보았고, 그 뒤 영국으로 다시 돌아왔다.

그는 기억을 더듬어 기계를 만들어 보았으나, 그 기계는 단철의 넓적한 판을 재단하지 못했다. 리처드는 무엇인가 결함이 있다고 생각해 그 길로 다시 네덜란드의 공장으로 돌아갔는데 다행히 전처럼 출입이 허용되었다.

다시 기계 앞에 선 그는 두근거리는 속마음을 감추느라 무진 애를 써야 했다. 유심히 살펴본 결과, 재단기의 날에 끊임없이 물을 부어서 식혀 주어야 한다는 점을 발견하였다.

그 현상을 목격한 순간, 그는 낯빛이 변하였다. 부리나케 그 자리를 떠나지 않았던들 그는 붙잡혀서 혼쭐이 났을는지도 모른다. 네덜란드 사람들은 기계의 비밀이 영국으로 새나갔다는 사실을 이미 알고 있었는데, 좀 모자라게만 여겼던 그 사나이가 기계 앞에서 그만 저도 모르게 표정이 변해 버리는 것을 보고 혹시 문제의 범인이 아닐까 하고 의심했기 때문이다.

폴리의 실상과 허상

콜리지는 이 밖에 또다른 형태로 이 이야기를 적고 있다. 그러나 이 같은 이야기가 대개 그러하듯이 설령 올바른 형태의 이야기가 있다 할지라도 어느 것이 과연 올바른지 판정하기는 참으로 어렵다. 다음과 같이 리처드 폴리라는 사람이 실재했던 인물이며, 스웨덴을 방문하여 웁살라(Uppsala)에 상륙한 일이 있었다는 등의 증거가 몇 가지 있다 하더라도.

리처드 폴리는 실제 인물이었으며, 그의 신분은 스타브리지 가까이에 살던 못을 전문으로 만드는 장공의 아들이었다. 기록에는 그가 '못 장수이자 대장간 주인이며 매우 정직한 사람'이었다고 되어 있다.

한편 1616년에 이웃 동네 더들리 동장이 된 리처드 폴리라는 사나이는 10년 정도 살다가 스타브리지로 이사했다고 한다. 이 리처드 폴리는 1627년 무렵에 스메스토우(Smestow) 강의 기슭에 재단 공장을 건설하여 그것으로 큰 부자가 되었다. 1657년에 그가 죽고 난 뒤에는 아들이 그 뒤를 잇고, 그 후 손자가 뒤를 이어 사업을 계속하였다. 1711년에 이르러 그 손자는 귀족으로 발탁되어 '키더민스터 남작 폴리'가 되었다.

그러나 이들의 재단 공장이 영국 최초의 공장은 아니었던 것 같다. 1631년에 씌어진 책에서 이렇게 밝히고 있기 때문이다.

대장장이가 긴 막대기라든가 모든 종류의 못을 쉽게 만들 수 있게 하기 위해서 공장에서 단철의 평평한 판을 재단하는 공정은 리에주(Liege, 벨기에의 도시)의 고드프리 복스(Godfrey Box)에 의해 1590년에 처음 영국으로 도입되었다. 그는 그 최초의 공장을 켄트의 다트퍼드 가까운 곳에 세웠다.

근대의 어느 역사가는 다트퍼드의 기계는 뒤에 불법으로 복사된 것이라며 그 범인을 리처드 폴리로 지목하고 있다. 그는 리처드가 이 행위로 미들랜드에 최초의 재단 공장을 도입하였다고 본 것이다.

여하튼 리처드가 비밀을 훔쳐 낸 것이라 해도 특허에 대한 국제적 보호가 없던 당시로서는 그다지 비난받을 일이 아니었을 것이다. 오히려 어떤 나라에서는 외국으로부터 비밀을 훔쳐 내어 자국의 이익을 위해 쓰는 것이 칭찬할 만한 행위로 여겨지고 있을 때였던 것이다.

15

도자기와 자기

바 보 행 세 로 얻 은 비 밀

말 의 안 질 과 백 자 기 의 비 법

애 스 트 버 리 의 공 적

영국 스태퍼드셔 주 스토크(Stoke) 및 버슬렘
(Burslm) 일대의 지역은 예부터 도기(陶器, 옹기, 토기, 와기)의 생
산지로 이름나 있었다. 17세기 말엽까지 유럽의 각 가정
에서 쓰이는 도기는 모두 이 고장에서 나는 진흙과 모래
및 **이회토** 등을 재료로 해서 만들어졌다.

　일반적인 도기의 제조법은 다음과 같다. 먼저 점토(진흙)와 그 부의
재료를 섞고 물을 넣어 이겨서 크림 정도의 묽기로 만든다. 다공질(多孔
質)의 재료로 필요한 형태로 만든 틀 속으로 이것을 흘러 넣고 그더로
놓아 두면, 틀의 내벽이 수분을 흡수하여 내벽에 면한 부분의 점토만
굳어진다. 다음에 이 틀을 거꾸로 하면 중앙 부분의 걸쭉한 점토는 밖
으로 흘러 나가고, 틀의 내벽에 달라붙었던 질척한 점토의 층이 남는
다. 이것을 다시 그대로 놓아 두어 저절로 마르도록 한다. 마르는 동안
점토가 약간 오그라들기 때문에 틀을 거꾸로 하면 점토의 층이 쉴게
틀에서 떨어져 나온다. 이렇게 해서 원하는 형태를 만든 다음, 손잡이
라든가 주둥이 등을 따로 만들어서 여기에 갖다 붙인다.
　이렇게 형성한 제품을 가마솥에 넣고 강한 불로 굽는다. 완전히 구

워지지 직전, 토기가 아직 시뻘겋게 타고 있는 동안에 식염을 가마솥 속으로 던져 넣는다. 그러면 식염은 열을 받아 증기로 변하여 점토 속의 물질과 결합하기 때문에, 가마솥에 꺼내서 식힌 뒤에는 표면에 반들반들하게 윤기가 나는 층이 생성된다. 이 층은 단단하고 물을 통과시키지 않아서 음식물을 비롯한 그 밖의 액체 따위로 변질되는 법이 없다.

스태퍼드셔에 전해져 내려온 이야기에 따르면, 이렇게 식염으로 도기의 표면에 잿물(유약)을 칠하는 법은 우연한 기회에 발견되었다 한다.

1680년 무렵, 버슬렘 가까이의 스탠리 농장에서는 조지프 예이트 (Joseph Yate)라는 사람의 하녀가 잿물을 바르지 않은 질그릇 냄비에 많은 소금과 물을 넣고 졸이고 있었다. 주인이 먹을 돼지고기를 오래 보존하기 위해서 그 고기를 절일 진한 식염수를 만들고 있었던 것이다.

그녀는 냄비를 불 위에 얹은 채 자리를 떴다 잠시 뒤 돌아왔는데, 그 사이 냄비에서 뜨거운 소금물이 끓어 넘치고 말았다. 그런데 냄비가 식은 뒤에 보니 그 소금물이 묻은 부분이 유난히 번쩍거리는 것이었다.

그녀는 이 신기한 현상을 주인에게 알렸고, 그 주인은 뒷날 그 경위를 파머라는 도기 제조가에게 일러 주었다. 파머는 여기서 힌트를 얻어 오늘날 우리가 쓰고 있는 유약을 칠한 다갈색의 도기를 만들기 시작했다.

중국 다도의 멋

또다른 이야기에서는 유약을 영국에 소개한 공적을 존 엘러스(John Elers)와 데이빗 엘러스(David Elers) 형제에게 돌리고 있다. 이들은 네덜란드의 도시 암스테르담 시장의 아들들로서, 1688년에 제임스 2세(James II, 1633년~1701년)를 폐위시키고 윌리엄(William)과 메리 2세가 공동으로 영국 왕이 된 명예 혁명 때 영국으로 건너와 스태퍼드셔에 정착했다.

177

이미 영국으로 건너오기 전에 식염을 유약으로 쓰는 기법을 배워 알고 있었던 그들 형제는 그 고장의 도기들이 모두 겉날림으로, 대개는 잿물도 입히지 않은 것이며 미술적 가치가 전혀 없다는 사실을 단박에 눈치챘다.

그 무렵 동인도 주식회사는 중국으로부터 형태가 우아하고 아름다운 붉은 빛깔의 자기를 수입하고 있었다. 중국제 자기는 영국 뿐만 아니라 유럽의 많은 나라에서 빠른 속도로 인기를 얻었다.

유럽의 도공들은 중국 자기의 비법을 알아내려고 애쓰는 한편 자신들의 도기를 개선하기 위해 연구에 박차를 가하는 중이었다.

이 연구열은 중국에서 새로운 음료인 홍차가 영국으로 소개되어 비상한 인기를 끄는 바람에 더욱 뜨거워졌는데, 그 이유가 퍽 재미있다. 이를테면 홍차는 중국제 찻잔에 담아 중국의 예법으로 마셔야 그 맛과 멋이 한층 살아난다는 것이었다.

이로 인해 중국의 사기로 된 찻주전자라든가 찻잔과 접시, 그 중에서도 특히 조그맣고 단단한 빨간 찻주전자 같은 것이 영국으로 대량 수입되어 매우 비싼 값에 팔렸다. 그 수요가 어찌나 컸던지 수량이 한정된 수입품으로는 충당하기 어려운 지경이었다. 엘러스 형제는 이 점에 착안하여, 중국 제품을 닮은 빨간 유약을 칠한 고급 찻주전자와 찻잔 등을 만들면 틀림없이 잘 팔릴 거라 생각하게 되었다.

한편 비슷한 시기에 버슬렘 가까이에서 붉고 아름다운 점토가 발견되었다. 아마도 이 발견 때문에 엘러스 형제는 그들의 도기 가마를 이

도시 근처에 만든 모양이었다. 게다가 가까이에 탄전(炭田)이 있고 처셔의 암염 광산도 멀지 않은 거리여서 도기를 만들기에는 최적의 조건이었던 것이다.

엘러스 형제의 도기 가마는 크게 성공을 거두었다. 식염을 가열하면 엄청나게 많은 연기가 나오곤 했는데, 그들이 가마솥에 불을 때는 동안에는 시내와 주위의 공기가 런던에서 안개가 가장 짙은 때처럼 칙칙하고 어둑하게 감돌았다. 그래서 이 도시를 찾아오는 낯선 나그네들이 길을 잃고 헤매거나 서로 맞부딪혀 이마에 혹이 생기는 충돌 사고가 비일비재하였다는 것이다.

바보 행세로 얻은 비밀

엘러스 형제는 그들의 도기 만드는 법을 비밀로 유지하고자 몹시 신경을 썼다. 그들의 도기 가마는 통행세를 받는 길 구석에 지어져 있어서 아무나 함부로 드나들기 어려웠는데도, 통행세 징수를 위한 검문소에 도기 가마가 있는 곳과 연결되는 통신 설비를 설치하여 낯선 사람을 견제할 수 있도록 해 놓았던 것이다.

일설에 따르면 이들 형제는 도기를 만드는 공정을 스스로 익히거나 기술을 습득할 수 있을 것 같지 않은 무학 무지한 사람들만을 노동자로 고용하였고, 특히 **녹로**를 돌리는 일에는 꼭 백치를 썼다고 한다. 작업자들은 작업 중에는 일체 공장 밖으로 드나들지 못하였고, 그들이 일을 끝내고 돌아갈 때면 엄중하게 신체 검사를 하는 등 비밀의 누설을 감시하는 데 만전을 기하였다.

이런 철저한 감시 때문에 여러 도기업자들이 엘러스의 도기 기술을 알아내려고 갖은 애를 썼으나 성공하지 못했다. 그런 가운데 애스트버리라는 사나이가 방법을 찾아 내기에 이르렀다. 그는 실제로는 매우 영리한 사나이였지만, 교묘하게 백치로 위장하여 가마 공장에서 일거리를 얻었던 것이다.

애스트버리가 엘러스 형제의 가마에서 2년 동안이나 백치 행세를 하며 일했는데도, 아무도 그의 위장술을 눈치채지 못했다니 그의 노력이 얼마나 대단했었는지 짐작이 갈 정도다. 그 기간 동안 그는 언제나 얼굴에 헤픈 웃음을 띠고 다니며 무골호인으로, 순한 바보로 지냈고, 누가 발길질을 하건 따귀를 때리건 늘 희희낙락이었다. 그러나 한편 애스트버리는 도기의 여러 공정을 관찰하고 기계를 조사하기에 여념이 없었던 것이다. 밤이면 집으로 돌아가서 본 것을 모형으로 만들고 설계도를 그려 보는 과정 또한 2년 동안이나 계속되었다. 드디어 모든 것을 다 배웠다는 생각이 들자, 그는 슬그머니 그 고장을 떠나 버렸다.

몇 달이 지나 그가 다시 바보 행세를 하며 돌아갔을 때조차도 엘러스 형제는 애스트버리의 교묘한 속임수와 배신을 전혀 눈치채지 못하고 있는 상태였다. 도기의 비밀이 어느 틈에 새어 나가, 다른 가마에서도 유약을 칠한 불그레한 도기 제품을 생산하기 시작했다는 사실을 알고 있었으면서도 말이다.

엘러스 형제는 그들이 믿었던 그 바보가 범인이라고는 꿈에도 짐작 못한 채, 단지 스태퍼드셔의 누군가가 자기들을 배반했다고만 생각하고 그 주민들에게 격렬한 분노와 배반감을 느껴 런던으로 가마를 옮겨버렸다. 그토록 애를 쓰며 도기의 비밀을 지키려 했던 그들의 노력이 한순간에 모두 수포로 돌아갔기 때문이었다.

말의 안질과 백자기의 비법

애스트버리는 백자기(白磁器)의 비법을 발명한 것으로도 이름이 높다. 그는 데번(Devon)이나 도싯(Dorset)에서 나는 흰 점토를 채취한 뒤, 그의 고향에서 나는 점토와 섞어 흰 오지그릇을 만들었다.

이 흰 점토는 당시 '파이프 점토'라고 불리는 것이었는데, 먼저 리버풀까지 배로 싣고 온 뒤 다시 머시 강을 거슬러 올라가서 배가 항해할 수 있는 데까지 운반한 뒤, 마차에 실어 버슬렘까지 가지고 와야 했다.

도기를 만들 때 이 점토를 넣으면 그 도기의 빛깔은 틀림없이 나아졌지만 애스트버리는 이에 만족하지 않았다. 좀더 깨끗한 색을 띠는 제품을 만들기 위해 고심하던 그에게, 마침내 우연한 기회가 찾아왔다.

1720년 어느 날, 그는 버슬렘에서 런던을 향해 여행을 하고 있었는

플린트 가루로
말의 눈을
치료하는 마부

데 그가 타고 가던 말이 도중에 눈병에 걸리고 말았다. 애스트버리가 뱀버리에 이르러 여관의 마부에게 도움을 구했더니, 그는 간단한 안질 치료법을 알고 있다며 그 일대에 흔해빠진 **플린트** 조각들을 방 안의 난로에 넣고 벌겋게 달아오를 때까지 가열하였다. 그것을 식힌 뒤 부수어 가루로 만들어서 말의 짓무른 눈에 뿌려 주었더니 잠시 뒤 말의 눈병이 씻은 듯이 나았다.

마부가 하는 행동을 주의 깊게 지켜보던 애스트버리는 빨갛게 가열한 플린트 조각이 반짝이는 하얀 가루로 변하는 것을 보고 눈이 휘둥그레졌다. 게다가 플린트 가루가 말의 눈에서 나오는 점토같은 고름을 흡수하고 있는 것이 아닌가.

그것을 본 애스트버리는 플린트를 흰 도기를 만들 때 점토에 섞는 재료로 쓸 수 있을 거라는 생각을 했고, 그 자리에서 플린트를 마차 가득 실어 셸턴에 있는 자기 공장으로 보내 달라고 주문하였다.

얼마 뒤 그는 뱀버리의 마부가 한 것처럼 공장에서 플린트를 빨갛게 달군 다음 부수어 흰 가루로 만들었다. 그리고 수없이 많은 실험을 되풀이한 끝에, 마침내 좋은 질의 백자기를 만들기 위해서 플린트 가루에 점토와 파이프 점토 및 모래를 어떤 비율로 섞어야 할 것인지 구명해 냈다.

앞서 소개한 식염과 질그릇 냄비에 관한 전설은, 김이 날 정도의 온도에서는 식염이 점토 속의 규산(硅酸)과 융해되지 않는다는 사실에 비추어 볼 때 의심스러운 부분이 많아 이야기 전체가 지어 낸 것이라고 주장된 일도 있었다.

그러나 소금물이 유약을 섞지 않은 냄비에서 넘쳐흐르면 설혹 식염이 여느 재료와 완전히 융해되지는 않는다 해도 냄비의 겉면에 반들반들하게 윤기나는 피막이 생기는 것은 분명하다. 이야기에서 주목할 점은 이 현상이 파머 씨에게 유약을 칠하는 방법에 관해서 힌트를 주었다는 사실이다. 경험이 풍부한 도공이었던 그가 이 사건을 통해 식염과 토기를 높은 온도로 가열할 필요가 있다고 깨달은 것이라고 생각할 수 있다는 것이다.

도기에 관한 유명한 두 저술가는 흰 플린트의 사용법을 발견한 공적을 애스트버리에게 돌리고 있으나, 도공으로 고명한 웨지우드(Josiah Wedgwood, 1730년~1795년)는 분말화한 플린트로 눈병을 고친 말의 주인은 애스트버리가 아니라 히드(Heath) 씨였다고 적고 있다. 그러나 그 이외의 점에서는 웨지우드의 글은 모두 위의 이야기와 매우 흡사하다.

이야기의 주인공이 누구건 그들이 영국에서 처음으로 플린트 가루로 백자기를 만들었다고 단언하기는 어렵다. 드와이트라고 이름이 알

려진 풀햄의 도공이 그보다 50년이나 전에 플린트를 사용했다고 일컬어지기 때문이다. ■

어쨌든 애스트버리가 1720년에 위와 같은 경위와 방법으로 플린트를 사용한 사실만은 틀림없다. 어느 유명한 도기 저술가에 따르면, 새로운 재료를 발견한 것은 아닐지라도 적어도 그것을 어떤 비율로 여타의 물질과 섞으면 되는가를 밝혀 낸 공적이 애스트버리라는 한 인물에게 귀착된다는 것은 논쟁의 여지가 없는 사실이라고 하니 말이다.

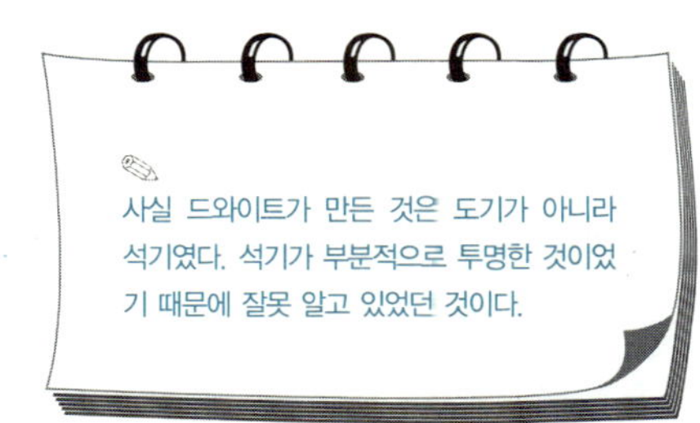

16

셰필드의
칼 대장장이

비 밀 은 샌 다

스 테 인 리 스 스 틸 의 발 견

영국 요크셔 지방의 공업 도시 세필드
(Sheffield)는 화살촉이 쇠로 만들어지기 시작한 시대부터 철 제품의 생산
지로 이름이 나 있었다. 이 고장은 노르만 민족의 영국 정복(1066년) 무
렵에는 이미 철기 제조의 중심지로 널리 알려져 있었고 세필드의 이
름을 특히 높여 주었던 날붙이는 일찍이 14세기 때부터 만들어지고 있
었다.

초기의 강철

오늘날 나이프·끌·면도날 등의 날붙이는 으레 강철(스틸)을 재료로
하여 만들어진다. 강철은 담금질을 할 수 있기 때문에 필요한 온도까
지 가열했다가 찬물에 넣어 식힌 뒤에 갈면 얇고 날카로운 날을 세울
수 있다. 강철로 만든 날은 튼튼하고 단단하며 잘 베어진다. 철로도 예
리한 날을 만들 수 없는 것은 아니지만 쉽게 날이 부서지고 만다.

세필드에서는 18세기까지 가급적 탄소가 적은 순수한 철─단철(鍛
鐵)이라고 불리는─의 막대기를 목탄의 밑바탕 위에서 가열하여 강철

로 만들었다. 이 작업을 할 때는 밥공기 모양의 도가니라고 불리는 그릇을 써서 밑바닥과 옆에 목탄을 가득 채워 밑바탕을 만든 다음 쇠막대기를 그 위에 놓고 목탄 부스러기를 얹어서 완전히 덮어 버린다. 그리고 나서 도가니를 가마솥에 넣고 쇠가 겨우 녹지 않을 정도의 온도로 2주일 동안이나 가열하면 목탄이 쇠 속으로 스며들어서 강철로 변하게 된다.

이렇게 만들어진 강철 막대기는 몸체 가득히 불에 덴 것처럼 올록볼록한 물집(blister)이 덮여 있었다. 물집은 여드름처럼 작은 것도 있고 지름이 1cm나 되는 큰 것도 있었는데, 이 독특한 물집 때문에 이름 또한 '블리스터 스틸'이라고 불리었다.

블리스터 스틸의 질이 그다지 좋지 않았던 것은, 탄소가 쇠 속에 균일하게 포함되지 않기 때문이었다. 탄소가 철의 내부까지 스며들지 못했으므로 막대기의 내부가 표면보다 탄소가 적었던 것이다.

그 후 요크셔의 동커스터에서 시계와 제도 용구를 제작하던 헌츠먼(Benjamin Huntsman, 1704년~1776년)이 이전에 생산되었던 어느 철보다도 조성이 균일하고 불순물이 없는 주강을 발명했다. 그는 처음에 시계의 스프링을 만들기 위해 강철을 사 썼는데, 강철의 질이 나빠 도저히 그대로 쓸 수가 없어 1740년에 손수 그보다 양질의 강철을 만들어 보기로 결심하였다고 한다.

헌츠먼은 블리스터 스틸을 만들 때 쇠를 아슬아슬하게 융점에 가깝게 가열한다는 사실을 알고 있었다. 그는 굽는 온도를 더 높여서 쇠가 녹아 버릴 때까지 가열해 보기로 했다. 그렇게 하면 목탄이 녹은 쇠와 완전하게 섞여서 쇠가 식어 굳어진 뒤에도 그대로 상태를 유지할 것이라 생각한 것이다.

그러나 쇠를 녹이려면 매우 높은 온도로 가열하여야 한다는 문제점이 있었다. 당시로서는 매우 어려운 문제였는데 헌츠먼은 익히 알고 있던 지식을 활용하여 그 문제를 훌륭히 해결했다. 그 지식은 바로 어떤 종류의 금속은 **융제**를 섞으면 비교적 낮은 온도로도 녹일 수 있다는 것이었다.

많은 실험을 거친 끝에 그는 유리가 쇠의 융제 구실을 한다는 사실을 구명하였다. 그는 쇠에 약간의 목탄과 유리를 섞어 가열해서 전체를 액체 상태로 만든 다음 이 액체를 틀에 부어 넣고 한쪽에서 식혔다. 이렇게 해서 그는 탄소를 균일하게 함유하는 새로운 강철을 손에 넣을 수 있었다. 그것은 '주철' 또는 '무쇠(도가니강)'로 불렸는데, 당시까지의 철 생산에서 가장 획기적인 발전이라 할 만했다.

그러나 셰필드의 날붙이 장공들은 매우 보수적이어서 이 새로운 무쇠를 사려 하지 않았다. 게다가 그것이 블리스터 스틸보다 세공하기가 어려운 것을 알고는 더욱 외면하는 판이었다. 헌츠먼은 결국 다른 판로를 찾았고 다행히 프랑스에서 이것을 사들였다.

프랑스의 날붙이 장공들은 눈치 빠르게도 이 무쇠는 매우 정확하게

셰필드의 칼 대장장이

담금질을 할 수 있어서 날카롭고 잘 드는 날붙이를 만들 수 있다는 것을 알았던 것이다. 프랑스 인들은 이렇게 개량한 날붙이를 외국으로 수출하기 시작했다. 결국 고집스러운 셰필드의 장공들은 구매자를 잃게 된 후에야 무쇠를 쓰게 되었다.

셰필드의 날붙이 장공들은 스스로 무쇠를 만들자는 생각을 품기도 했으나, 헌츠먼은 자신의 방법을 철저히 비밀로 묻어 두고 있었다. 그는 고용한 노동자 모두에게 그 비밀을 누설하지 않도록 서약하게 하였다. 낯선 사람은 공장에 드나들지 못하게 하였고, 비밀스러운 공정은 야간에만 다루며 철저히 통제하였다.

무쇠 제법에 관해서는 갖가지 추측이 만발했으나 대개의 사람들은 유리가 사용된다는 것만 알고 있을 뿐, 그 밖의 정확한 정보는 일체 입수할 수 없었다고 한다.

비밀은 샌다

그러던 가운데 워커(Walker)라는 주철업자의 교묘한 스파이 활동에 의해 비밀은 마침내 폭로되고야 말았다. 워커는 셰필드 가까이의 그린 사이드에 살고 있었다.

함박눈이 펑펑 내리던 어느 추운 겨울 밤이었다. 주위는 캄캄하고 음

산하였지만 단 한 군데, 애터클리프에 있는 공장만은 불그레한 불빛과 공장에서 반사하는 열을 내뿜고 있었다. 그 불빛을 받으며 공장의 문 앞에 거지꼴을 한 사나이가 나타났다. 그는 갑자기 내린 큰눈 때문에 길이 막혔다며 하룻밤만 묵고 가게 해 달라고 애원하였다. 공장의 노동자들은 그의 딱한 사정을 안타깝게 여겨 사나이를 재워 주었다.

누가 보더라도 영락없이 거지꼴인 그 사나이는 공장 한 귀퉁이에 쭈그리고 앉아서 꾸벅꾸벅 졸고 있는 것처럼 보였다. 하지만 누군가 그를 조금이라도 눈여겨보았다면 그가 전혀 잠들지 않았다는 사실을 알고도 남았을 것이다. 그는 노동자들의 작업 과정을 하나도 빼놓지 않고 날카롭게 관찰하고 있었기 때문이다.

그가 지켜본 작업 과정은 다음과 같았다.

노동자들은 처음에 물집 모양이 난 쇠막대기를 길이 5~7cm로 잘라서 이것을 내화점토(耐火粘土)로 만든 도가니에 넣었다. 도가니가 거의 가득 차자 그 위에 잘게 부순 녹색 유리를 조금 뿌린 뒤 꼭 맞는 뚜껑을 달았다. 그리고는 도가니를 미리 준비한 가마솥에 넣어 가열했다. 3~4시간이 지나자—그 동안에 도가니의 뚜껑을 가끔 열어서 금속이 완전히 녹아서 섞였는가를 확인하며—노동자들은 부젓가락으로 도가니를 가마솥에서 끌어 올렸다. 도가니 안에서 쇠는 완전히 녹아 벌겋게 빛나며 불꽃을 튀기고 있었다. 노동자들은 이것을 주철로 된 틀 속에 쏟아부었다. 그런 뒤 가만히 두고 식혀 굳어지게 하는 한편, 도가니에 다시 쇠막대기와 유리를 채우고 같은 공정을 되풀이하였다. 틀이 완전히 식자 나사를 틀어서 틀을 분해하고 막대기를 끄집어 냈다. 그리고는 대장장이의 손을 빌려 무쇠 막대를 완성하였다.

허가도 없이 이 같은 작업을 훔쳐본 그 사나이가 어떻게 들키지 않고 무사히 달아날 수 있었는지는 알려져 있지 않지만, 전해지는 바에 따르면 그로부터 채 몇 달이 지나지 않아 헌츠먼의 제강 공장은 '무쇠를 만드는 유일한 제철 공장'이라는 특권을 잃고 말았다고 한다.

다른 이야기에 의하면 왕립 학회의 회장이 헌츠먼을 설득하여, 그의 비밀 공정을 협회 회원들에게 가르쳐 주도록 하기 위해 일부러 그를 런던으로 초대하였다고 한다. 헌츠먼은 자신이 가지 않고 대리인을 보냈는데, 그 대리인이 부지불식간에 런던의 과학자들에게 비밀의 결정적인 단서를 누설하고야 말았다는 것이다.

1950년에 이르러 어느 역사학자는 '추위로 벌벌 떨고 있었던 거지 이야기'는 전적으로 지어 낸 허구라고 단정하였다.

그러나 이야기의 진실 여부보다 중요한 것은 그들이 비밀의 일부분을 탐지해 만든 쇠는, 헌츠먼의 무쇠에 비해 훨씬 뒤쳐져 있었다는 점이다. 헌츠먼의 발견은 전세계의 제강법을 혁명적으로 발전하게 하였고, 오늘날까지도 최상급의 강철을 만드는 방법의 기초가 되었다는 사실과 더불어.

스테인리스 스틸의 발견

셰필드의 날붙이 생산업에 관한 두 번째 이야기는 20세기에 들어선 1912년에 녹슬지 않는 강철을 발견한 아주 특별한 경위로부터 시작된다. 주인공은 해리 브리얼리로, 그 무렵의 그는 셰필드의 유명한 제강 회사에서 일하고 있었다.

어느 날 그는 공장 마당에 산더미처럼 쌓여 있는 폐기물 옆을 지나다가 문득 쇠부스러기더미 속에서 번쩍거리는 조그만 쇠붙이를 발견하였다. 무엇인가 하고 집어 든 그는, 그 쇠붙이가 철과 크롬의 합금을 실험하다가 버려진 것임을 알아볼 수 있었다.

버린 지 퍽 오래 되었는데도 쇠붙이는 녹슬지 않고 오히려 햇빛에 반사되어 반짝거리고 있었다. 그 놀라운 사실에 주목한 브리얼리는 금속을 분석하여 함유된 철과 크롬의 비율을 측정해 보았다. 그리고는 그 두 가지 금속을 같은 비율로 녹여 합금을 만들었다. 이렇게 만들어진 합금은 공기 속에서도 녹슬지 않고 과일즙을 묻혀도 얼룩이 지지 않았다. 그는 뜻하지 않은 소득에 기쁨을 감추지 못했다.

이는 널리 알려진 유명한 이야기지만, 브리얼리 자신은 스테인리스 스틸의 발견에 관해서 전혀 다른 이야기를 전하고 있다.

1912년 5월, 그는 라이플 소총을 비롯한 소형 총기에 쓰는 강철에 관계된 문제를 연구하고 있었다. 특히 새 라이플 소총은 총신의 내면이 매끄럽고 반짝거리지만 시일이 지날수록 뜨거운 화약 때문에 더러워지고 상처가 나는데, 그것을 어떻게 방지할 수 있는가 하는 문제와 씨름중이었다.

그는 시험삼아 보통의 강철에 비교적 다량의 크롬을 첨가해서 새로운 강철을 만들어 보았다. 그리고는 이의 용도에 관한 보고서를 내기 전에 그 성질을 상세히 조사해 보고자 여러 가지로 실험을 하였다.

그 중 하나의 실험에서, 이 새로운 금속 위에 산을 조금 떨어뜨려 보통의 강철과 같이 산에 반응해서 부식되는지 살펴보았다. 놀랍게도 반응은 극히 느리거나 전혀 없었다.

물론 이것은 처음 나타난 사태였으므로 그는 연구를 거듭하기로 하였다. 브리얼리는 또다른 산을 사용하여 효과를 여러 번 실험한 끝에 식초나 과일에 함유된 산처럼 약한 산은 이 새로운 강철을 변색시키지 않는다는 사실을 발견하였다. 게다가 이 금속은 공기 속에 방치혀 두어도 녹슬지 않았다.

브리얼리는 이 같은 발견을 고용주들에게 보고하였으나, 그들은 이 새 강철을 전쟁 무기 제조에 쓰는 것 외에는 관심을 기울이지 않았다. 브리얼리는 날붙이를 포함한 다양한 물품의 제조에도 이를 이용할 수 있음을 시사했으나 공장의 간부들은 약간의 흥미조차 나타내지 않았던 것이다.

1914년 7월, 그는 이 재료를 자진해서 실험해 보려 하는 한 날콜이 공장장을 발견하였다. 그러나 유감스럽게도 이 강철은 지나치게 단단하여 그 공장의 압단기(壓斷器)를 망가뜨리고 말았다. 그런 얼마 뒤에 제1차 세계 대전이 일어나 철기 제조업자들이 모두 눈코 뜰 새 없이 바빠지는 바람에, 그는 전쟁에 당장 쓸모 없는 새로운 강철 따위에 매달려 있을 수 없게 되었다.

강철에 관한 저서를 낸 어느 고명한 저술가는 당시의 많은 사람들의 태도를 다음과 같이 요약하고 있다.

스테인리스 스틸의 출현은 고용주와 노동자 및 소비자가 새로운 발전에 당면했을 때 으레 전개하는 반대에 봉착하였다. 그 강철은 그들이 지금까지 써 오던 것과 확연히 달랐다. 그 시절에는 가장 양질의 식탁용 칼을 손으로 단련해서 만들었으나, 이 강철은 손으로 단련할 수 없었다. 그것은 일반적인 담금질의 방법으로는 쉽게 담금질할 수가 없었고, 또 보통의 강철처럼 쉽게 갈아지지도 않았다. 심지어 스테인리스 스틸 나이프로 인체에 상처를 내면 그 상처를 통해서 독이 들어간다는 고약한 소문까지 퍼져 있었다.

이 같은 여러 가지 어려운 상황에도 굴하지 않고, 브리얼리는 계속 분투하여 마침내 보통의 강철과 같은 정도로 날이 잘 서고 손쉽게 날붙이로 만들 수 있는 스테인리스 스틸을 만들어 냈다. 그의 노력 덕분에 오늘날 스테인리스 스틸은 참으로 다양한 목적을 위해 널리 사용되고 있으며, 철과 크롬 뿐만 아니라 다른 금속도 첨가하여 훨씬 질 좋게 만들어지고 있다.

비단을 직접 생산하여 콘스탄티노플을 동서 무역의 중계점으로 만듦으로써 비잔틴 제국의 상업적 번영을 구가한 유스티니아누스 1세
가황처리법을 고안하여 고무를 상업적으로 이용할 수 있게 한 굿이어
초기 신대륙 발견에서 가장 중요한 역할을 한 콜럼버스
이 책에 나온 등장인물들이에요!
2탄
프랑스의 외교관으로, 담배를 프랑스에 도입하여 유행시킨 니코
모브를 발견하여 화학 염료의 신세기를 연 퍼킨
뼈가 자라는 과정에 대한 궁금증을 해결한 뒤아멜

17 트램펄린 운동과 현수교

트 램 펄 린 과 공 진 현 상

맨 체 스 터 에 서 의 사 건

앙 제 에 서 의 사 건

한 떼의 병사들이 보조를 맞추어 행진하다
가 계곡 또는 강 위에 걸린 현수교(懸垂橋) 앞에 이르면, 분대장 또는 소
대장이 으레 행진의 보조를 풀게 마련이다. 다리의 구조상 그대로 보
조를 맞추어 힘차게 행진하면 위험하기 때문이다.

현수교의 구조

현수교는 19세기 초엽부터 쇠로 만들어져 왔다. 현수교를 놓으려
면 먼저 다리를 걸치려는 하천이나 골짜기의 양쪽 기슭에 튼튼한 기둥
또는 탑을 세워야 한다. 그리고는 길고 질긴 쇠사슬이나 케이블을 양
쪽 기둥 위에 걸치는데, 한쪽 끝은 이쪽 기슭에 남겨 놓고 다른 한쪽
끝은 이쪽 기둥의 꼭대기를 둘러서 반대쪽 기슭으로 걸친 뒤, 그쪽 기
둥의 꼭대기를 넘겨서 지면에 내려놓는다. 쇠사슬의 양쪽 끝은 천연의
암반 또는 땅속에 박아 꽂은 쇠나 콘크리트 덩이에 단단히 매어서 고
정시킨다.

이와 똑같은 방식으로 또 하나의 쇠사슬 또는 케이블을 양쪽 기슭에

세운 기둥 위에 걸쳐서 건네어 하천 또는 계곡 사이를 연결한다. 이렇게 두 개의 쇠사슬 또는 케이블은 우아한 곡선을 그리며 매달리게 된다. 여기에 쇠막대기 또는 쇠사슬로 다리의 바닥 또는 **덱**을 싣는 뼈대를 매단다.

현수교가 다른 구조의 다리보다 유리한 점은, 건설에 소요되는 재료나 시간이 훨씬 적게 든다는 점에 있다.

트램펄린과 공진 현상

우리는 서커스에서 곡예사가 껑충껑충 높이 튀어오르거나 회전하는 트램펄린(trampolin) 운동을 볼 수 있다. 트램펄린은 정해진 틀에다 탄력이 있는 크고 팽팽한 캔버스(천)를 고정시킨 것으로, 스프링이 좋은 매트리스처럼 큰 탄력을 갖고 있다.

곡예사는 처음에 두세 번 트램펄린 위에서 가볍게 뛰다가 공중으로 높이 오르락내리락하며 곡예를 한다. 곡예를 끝내면 그는 발디딤을 바꾸어 곧 트램펄린 위에 멈추어 선다.

곡예사가 트램펄린 위에서 캔버스를 차고 튀어오르면 캔버스는 반동으로 내려갔다가 그 탄력을 이용해 다시 제자리로 가려 하기 때문에 상하 운동(上下運動)이 시작된다. 이 경우 곡예사가 만약 캔버스를 한 번 차고 밖으로 튀어나갔다면, 특히 캔버스가 한 번만 눌리고 말았다면 자연적으로 캔버스의 진동은 점점 줄어들어 얼마 안 가서 멎어 버릴 것이다.

그러나 그 동안에 캔버스는 언제나 일정한 비율로 진동한다. 다시 말해서 1회 올라갔다가 원위치로 돌아오기까지에 걸리는 시간은 항상 같다. 아래위로 크게 흔들릴 때는 빨리 움직이고 조금밖에 흔들리지 않을 때는 그만큼 천천히 움직이므로, 1회 왕복하는 주기(周期)는 진동의 폭에 관계 없이 일정한 것이다.

이러한 규칙적인 진동의 비율은 트램펄린의 크기와 모양 및 캔버스의 재료라든가, 어떻게 캔버스를 쳤는가에 따라 달라진다. 따라서 이 진동을 그 트램펄린의 '자연 진동' 또는 '고유 진동'이라고 부를 수 있다.

반면에 곡예사가 트램펄린 위에 탄 채 되풀이해서 캔버스를 계속 찬다면 캔버스는 그대로 상하 운동을 한다. 이것을 '강제 진동'이라고 부른다.

그러나 곡예사가 캔버스를 차는 동작을 잘 조절해서 자기가 캔버스에 가하는 강제 진동과 캔버스 자체의 고유 진동이 잘 조화를 이루도록 하면, 곡예사가 캔버스에 주는 강제 진동의 주기와 자체의 고유 진동 주기는 동등해진다.

캔버스가 고유 진동으로 아래로 내려갈 때 그의 발이 이를 차서 더욱 아래로 내려가게 하고, 그 반동으로 튀어오를 때는 곡예사의 발을 힘있게 밀어 올려서 공중으로 더욱 높이 던져 올린다. 이어서 곡예사가 트램펄린 위로 떨어져 내려올 때는 캔버스가 고유 진동으로 내려갈 때이므로 그의 떨어지는 힘은 그만큼 유효하게 작용해서 캔버스를 더욱 힘있게 밀어 내린다.

이 같은 과정이 되풀이되면서 캔버스의 진동은 점점 더 커지고, 곡예사는 매우 높은 데까지 던져 올려진다. 이와 같이 강제 진동과 고유 진동이 조화를 이룸으로써 진동이 점점 커지는 것을 '공진(共振)'이라고 한다. 트램펄린은 이 공진 현상을 효과적으로 이용한 운동 기구이다.

트램펄린 운동 중인 곡예사가 중도에서 멎고 싶을 때는, 캔버스를 차는 동작을 갑자기 변경하여 캔버스의 고유 진동과 맞지 않도록 하면 된다. 캔버스가 올라가려 할 때 발을 차서 밀어내려 고유 진동을 거스르게 하므로, 진동이 순식간에 작아져 캔버스가 정지하고 마는 것이다.

기묘하게 여겨질는지도 모르지만, 트램펄린 위에서 그 고유 진동에 맞추어 뛰고 튀어오르는 곡예사는 마치 보조를 맞추어 현수교 위를 건너가는 한 무리의 군대에 비유할 수 있다. 왜냐하면 현수교는 보조를 맞춘 행진으로 강제 진동을 받게 되는데, 만약 이것이 다리의 자연적인 진동, 곧 고유 진동과 장단이 맞게 되면 말했다시피 공진 현상을 일으켜서 진동이 점점 커져 끝내는 위험한 단계에 이를지도 모르기 때문이다.

실제로 한 무리의 군대가 보조를 맞추어 현수교 위를 행진하던 중, 공진 현상이 일어나서 비참한 결과를 초래했던 두 가지 사례가 기록에도 남아 있다.

첫 사건은 1831년 4월 11일 오전, 제60소총 중대가 야외 훈련을 마치고 병영으로 돌아가는 도중에 일어났다. 거기에는 길이 약 50m의 쇠사슬 방식으로 된 현수교가 있었는데, 이는 어윈 강에 놓여서 맨체스터 가까이의 펜들턴과 브러튼을 이어 주는 다리였다.

이 다리 아래에는 밀물과 썰물의 흐름에 따라 방향이 바뀌는 강이 머시 만으로 흘러들어가고 있었다. 다리는 개인의 소유였는데, 그 부대의 지휘관 피츠제럴드 중위가 그 소유주의 아들이었다.

병사들은 4열로 행진해 와서 중위가 선두에 선 채 그대로 다리를 건너갔다. 이들이 다리의 한복판에 이르렀을 때, 마치 '소총의 연속 발사와도 같은' 요란스러운 소리가 나면서 눈 깜짝할 사이에 다리의 한쪽이 강 속으로 떨어져 내렸고, 다리의 기둥마저 떨어져 강 속으로 빨려 들어갔다. 무너진 쪽의 다리에 있었던 병사들은 거의 다 강물 속으로 떨어지고, 소총과 장비들은 모두 그 일대에 산산이 흩어져 버렸다

불행 중 다행으로 때마침 썰물이어서 강물의 깊이는 1m가 조금 넘는 정도였다. 그렇지 않았다면 무수히 많은 병사들이 익사했을 것이다. 부상자들은 대개 경상이었고 중상자는 6명이었는데 그 가운데 두세 명은 불구자가 되고 말았다.

당시 한 신문은 이 사건을 이렇게 평하였다.

병사들이 다리를 건널 때 특수한 방식으로 행진한 사실이 그 사고가 일어난 중대한 이유가 되었다고 일부 과학자들이 지적하고 있으며, 우리도 그 의견에 전적으로 동의하는 바이다. 우리가 탐문한 바에 따르면 병사들은 다릿목에 이를 때까지는 매우 느긋하게 걸어갔는데, 다리를 밟는 자신들의 발소리가 들리자 그들 가운데 두세 병사가 휘파람으로 행진곡 멜로디를 불었다. 그러자 병사들은 마치 소대장이 구령을 붙였을 때처럼 일제히 보조를 맞추어서 행진하기 시작했다. 사고는 바로 그 직후에 일어난 것이었다.

이 다리 위로는 날마다 두 바퀴 또는 네 바퀴 마차가 건너다니고 있었다. 이 소총 중대 또한 그 날 아침에도 이 다리를 건너서 훈련장으로 갔었지만, 그 때는 행진곡을 부르지 않고 천천히 걸어서 갔기 때문에 마차가 몇 대 지나가고 있었는데도 불구하고 사고가 나지 않았던 것이다.

다른 신문의 논평은 이러했다.

병사들이 일제히 규칙적으로 보조를 맞추어 걸었기 때문에 다리에 강력한 진동이 전달된 것이 직접적인 원인으로 여겨진다. 같은 수의 부대 또는 그보다 훨씬 많은 인원이 한꺼번에 다리를 건넜다 해도, 규칙적인 보조를 취하지 않았더라면 결코 그런 사고는 일어나지 않았을 것이다. 다리를 건너는 사람들 가운데 어느 한 사람의 걸음이 다른 사람의 걸음에서 일어나는 진동을 지워 버릴 것이기 때문이다.

그런데 이 병사들은 모두 규칙적인 간격으로 동시에 발을 디디며 행진하여 다리에 강력한 진동을 일으켰고, 그 진동이 다리의 고유 진동과 맞물려 점점 더 커졌던 것이다. 따라서 다리가 지닌 무게는 그것을 받치고 있는 쇠사슬에 심한 충격을 거듭 주었고, 그 때문에 다리의 골체보다 훨씬 무거운 무게가 정지 상태에서 작용할 때보다 훨씬 강력한 효과를 쇠사슬에 미친 것이었다.

현수교 가운데 처음으로 만들어졌고 또 가장 유명한 것 중 하나인 메나이 다리가 1820년 무렵—이 사건이 일어나기 불과 10년 전—에 건설된 것을 감안하면 이 사고가 일어났을 당시 영국의 쇠로 만든 현수교 기술은 아주 초보적인 단계였다고 볼 수 있다.

따라서 대개의 사람들이 이런 유형의 다리에 생소하여 사고 소식을 듣고는 170m나 되는 **스팬**을 지니는 메나이 다리의 안전성 여부를 우려하기 시작하였다. 맨체스터의 어느 신문에는 이런 기사가 실릴 정도였다.

그 사고는 사람들을 크게 놀라게 하였지만, 다른 부대에서의 재해 발생을 예방하는 효과를 가져오기도 했다. 이 사건이 일어난 사실로 보아 1,000명이 종대를 편성해서 규칙적인 보조를 유지하며 메나이 다리 위를 행진해 건넌다고 할 때, 과연 다리가 안전할 것인가에 대해서 우

리는 회의적일 수밖에 없다. 다리는 매우 길어서 대열의 선두가 건너
편 기슭에 닿기까지 진동이 극한에 이르러 무서운 사고가 일어날 성싶
기 때문이다. 많은 병력의 부대가 그 다리를 건널 때는 언제나 지휘관
이 부대원에게 호령하여 건너기 시작하기 전에 대열을 풀게 할 정도로
조심하는 것이 바람직하다. 모름지기 아무리 짧은 다리라 할지라도 쇠
사슬이나 케이블로 매단 현수교라면 그 위를 건너는 부대는 이와 같은
주의 사항을 명심할 일이다.

앙제에서의 사건

그로부터 19년이 지난 뒤 그와 똑같은 사고가 또 일어났다. 그로부
터 12년 전, 프랑스의 옛 앙주(Anjou)지방의 앙제(Angers)에 있는 마옌
(Mayenne) 강 위에 현수교가 놓였다. 이 다리는 1849년에 검사를 받고, 3
만 6천 프랑의 비용을 들여서 개수되었다.

한 신문은 사건의 경위를 다음과 같이 보도하였다.

1850년 4월 16일 오전 11시, 위슬의 보병 2개 대대와 기병 1개 대대가
이 다리를 건넜다. 그들이 거의 다리를 다 건널 때까지 아무런 사고도
일어나지 않았다. 문제는 이들 중 기마 부대의 마지막 말이 다리를 건
너기 시작하기 전에 제11경보병 연대와 제3보병 대대의 선두 대열이

다리의 반대쪽에 나타나면서 빚어졌다.

이럴 경우의 관례에 따라 이들에게는 부대를 몇 토막으로 나누라는 명령이 시달될 것이나, 때마침 억수같이 쏟아

지는 비 때문에 그 명령은 제대로 전달되지 못했다. 제3보병 대대는 가지런한 종대로 보조를 맞추어 행진하여 다리를 건너갔다.

이윽고 대열의 선두가 건너편에 이르러 선봉과 고수(鼓手)와 악대의 일부가 다리를 떠나 막 둑으로 발을 내디디는 순간, 어마어마한 굉음이 울렸다. 뒤돌아보니 다리를 매단 한쪽 쇠사슬이 부대원들의 보조를 맞춘 발디딤의 힘에 밀려 끊어진 것이었다.

다리 위의 병사들은 다리가 기울자 허둥지둥 반대쪽으로 몰려갔다. 그러자 반대쪽 쇠사슬마저 끊어져 버렸다. 갑자기 다리 전체가 강 속으로 떨어져 내렸고, 병사들도 하나같이 물 속으로 빠져 버렸다.

어떻게 해서든 건너편 기슭으로 헤엄쳐 가려는 병사들의 필사적인 몸부림으로 강은 끝에서 끝까지 꽉 찼다. 이 무서운 사고로 대위와 중위 각 1명과 소위 3명을 비롯한 221명의 하사관 및 병사가 목숨을 잃었다. 부대의 뒤에는 상당수의 부녀와 주민이 뒤따르고 있었기에, 그들 중에서도 사망자가 많이 있었을 것으로 추정된다.

이 다리는 그 부대들이 평소에 지나다니던 다리로, 성채로 가는 지름
길이었다. 사고의 끔찍스러운 광경은 이루 표현하기가 힘들 정도였다.
죽고 싶지 않다고 울고불고 절망적인 외침만이 가득한 그야말로 아비
규환의 도가니였던 것이다.

소식을 들은 주민들이 이들을 구조하러 달려왔다. 폭풍이 휘몰아치는
가운데, 사용 가능한 보트를 모두 동원하여 구조 작업이 전개되었다.
다리의 난간에 매달려서 또는 배낭에 매달려서 간신히 물 위에 떠 있
던 수많은 병사들이 구출되었다. 그러나 그 태반은 자신들의 총검에
찔리거나 떨어져 내린 다리의 파편을 맞아 깊고 얕은 상처를 입고 있
었다.

한 신문에서는 그 날의 사건을 이렇게 덧붙이고 있다.

강은 이쪽 기슭부터 저쪽 기슭까지 기어 올라가려고 허우적거리는 병
사들로 꽉 찼다. 그날 날씨가 온화했더라면 아마 그들의 대부분은 구
제될 수 있었을 것이다. 그러나 바람은 완전한 폭풍으로 변해 휘몰아
쳤고 물살도 드셌다.

병사들은 서로 부둥켜안고 무리지어 있었으나, 물살이 휘몰아칠 때마
다 몇 명씩 쓸려 내려가더니 끝내는 단 한 명밖에 남지 않았다. 그러는
동안 구조원들은 병사들이 붙들고 떠 있을 수 있게끔 재목이나 널빤지
를 비롯해 그 밖에 붙들 수 있는 것은 무엇이든 닥치는 대로 강물에 던

져 넣고 있었다.

　　얼마 뒤 이 사건에 대해 이상한 소문이 퍼졌다. 이 연대는 사고어 대
한 처벌로 아프리카에 파견될 예정이었는데,
이 때문에 병사들이 명령에 고분고분 따르지
않았다고 한다. 그래서 사고가 있던 그 날도
보조를 흐트러뜨리라는 명령을 받았지만, 그
명령에 따르지 않았다는 것이다.■

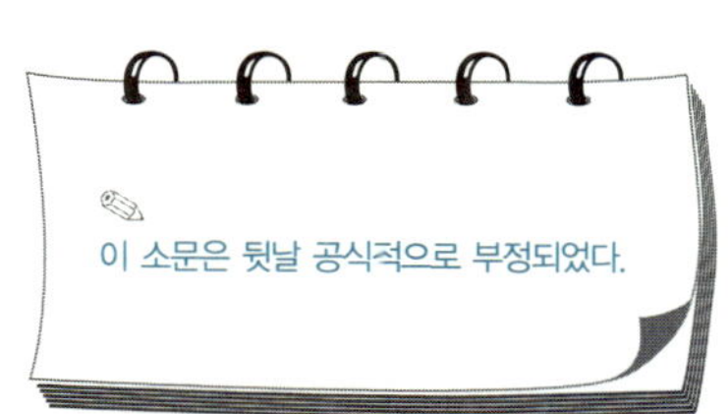

18

플림솔의 만재 흘수선

선 박 을 개 선 하 라

명 예 훼 손 으 로 고 발 당 하 다

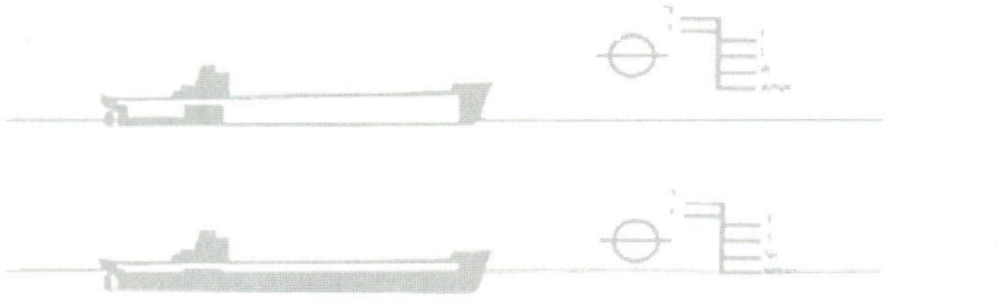

상 업 해 운 법 의 제 정

영국을 비롯한 세계 각국의 선박은, 조그만
요트와 어선과 같은 소수의 예외를 제외하고는 모두 양쪽 뱃
전에 **만재 흘수선**이라 불리는 몇 개의 줄을 색깔로 그려
넣고 있다.

이 줄은 그 깊이까지는 물 속에 배가 잠겨도 침몰의
위험이 없음을 가리키는 것으로, 배에 실을 수 있는 화물
의 한계를 나타낸다. 선이 몇 개나 되는 것은, 배가 물에 잠기는
정도가 물의 비중에 따라 다르고, 물의 비중은 바닷물의 온도와 소금
기의 농도에 따라 변하기 때문에 그 상태를 몇 가지로 분류하여 기준
을 정했기 때문이다.

플림솔은 더비(Derby)에서 자유당 하원 의원으로 선출되어 1868년부
터 1880년까지 일하면서, 과도한 짐을 실은 배가 바다에 빠지는 문제
를 해결하고자 의무적으로 배에 짐을 실을 때 그 선까지 물이 올라오
면 더 이상 짐을 싣지 못하게 규제하는 법안을 창안하였다. 따라서 만
재 흘수선은 창안자인 그의 이름을 따 '플림솔 라인' 또는 '플림슬 마
크'라 불리기도 한다.

해운업계의 문제점

19세기 중엽, 영국에서는 제임스 홀이라는 뉴캐슬(Newcastle)의 선주(船主)가 해운업계를 신랄히 비판하고 나서며 문제를 제기하였다. 그는 바다 위의 선박들이 어떠한 상태에 놓여 있는가를 알고 깊은 충격을 받았다.

그가 알아본 바에 따르면 선박의 태반이 화물을 너무 많이 싣거나, 운전을 위한 장비가 불충분하거나, 선원들이 제대로 일을 하지 않는 등의 많은 문제를 가지고 있어서 항해를 감당하기 어려울 정도라는 것이었다. 이런 악조건으로 인해 배가 바다에 가라앉고, 수많은 인명이 희생되는 일이 비일비재하였다.

이들 넝마와 같은 낡은 배들은 흔히 **'코핀 십'**이라 불렸다. 그런데 참으로 어이없게도, 이런 배일수록 대개 거액의 보험에 가입해 있어서 배가 침몰해도 엉큼한 선주들이 손해 보는 일은 결코 일어나지 않았다. 오히려 배가 가라앉는 통에 보험금을 타서 크게 돈벌이가 되는 사례마저 종종 있다 보니, 해운업계에서는 이런 배들이 줄어들기는커녕 도리어 늘어날 지경이 되었던 것이다.

상황이 이러하였음에도 불구하고 그 무렵의 법률로는 이런 악순환에 종지부를 찍을 수가 없었다. 제임스 홀은 먼저 법률부터 개정하기

"

위한 십자군 활동을 벌였으나 큰 소득을 얻지는 못하였다.

1871년에 이 사태를 처리하는 법안이 통과되었지만, 그것은 제임스 홀이 희망한 바와 같이 화물의 초과 적재를 위법으로 규정하는 것은 아니었기 때문이다.

선박을 개선하라

이 법안이 국회의 심의를 통과할 무렵, 제임스 홀은 새뮤얼 플림솔을 만나 영국 해운업계의 상선들이 얼마나 참혹한 상태인지 전했다. 플림솔에게는 무척 생소한 이야기였지만 그는 곧 문제점을 정확히 인식하였다.

게다가 그것은 더비에서 처음으로 선출된 젊은 국회의원의 인도주의적 성격에 크게 공감을 주는 문제였으므로, 그는 제임스 홀의 뒤를 이어 캠페인을 주도하는 주요 세력이 되었다.

그는 홀이 제안한 개혁의 태반을 변호하고 나섰을 뿐 아니라 마치 그 자신이 처음으로 주장하는 양 그것을 자기의 제안으로 삼고 추진하였다. 그렇게 이 운동에 철저히 몸 바쳐 일한 때문인지, 얼마 지나지 않아 사람들은 그 개혁 정책에 제임스 홀이 아닌 플림솔의 이름을 붙여서 생각하기에 이르렀다.

플림솔의 공격이 최대의 힘을 발휘한 것은, 1873년에 지금도 우명한 그의 저서 《우리의 선원—하나의 호소》가 출간되었을 때였다. 그 책을 통해 그는 이렇게 주장하였다.

 수백 명이라는 인명이 손상되고 있다. 더 구나 그 대부분은 쉽게 예방할 수 있는 원인으로 희생되는 것이다. 다 수의 선박이 노후하고, 그렇지 않으면 장비가 부족한 채 정기적으로 바다에 내보내지고 있다. 그러니 좋은 날씨가 이어지지 않고는 목적 지에 닿을 수가 없다. 또 대개의 배가 짐을 과도하게 실어 바다가 조금 만 거칠어져도 목적지에 닿기란 거의 불가능한 상태에 놓여 있는 실정 이다.

여러 신문이 이 책을 따뜻이 맞아 주어, 책을 통해 시사된 개혁안은 여론의 강한 지지를 받았다. 플림솔은 이에 힘을 얻어 책이 출간된 지 2개월도 지나기 전에 책에서 제안된 개혁 사항을 조사 보고하기 위해 국왕 직속의 조사 위원회를 설치하라는 의안을 하원에 제출하였다. 그 가 얼마나 설득력 있게 호소하였던가는 다음의 짤막한 발췌만으로도 충분할 것 같다.

 위할 필요를 통감하고 있는지, 그 까닭 을 의원 여러분께 밝히고자 합니다.
만일에 우리의 성직자, 우리의 의사, 우리 공인(公人)들의 생명에 대해

정부의 한 공무원이 '가장 비난받아야 할 살인적 제도'의 역기능 때문에 해마다 1,000명에 가까운 목숨이 희생의 제물로 바쳐지고 있다고 한다면, 의원 여러분은 뭐라고 말씀하시겠습니까? 아마도 이 무법 행위에 대한 분노의 목소리가 영국 전역에 퍼져 소용돌이칠 것입니다. 단언하건대, 노동자 계급이라고 불리는 선원들 1,000명도 앞서 달한 1,000명과 똑같은 존경과 애정에 값하는 인명임을 지적해 두는 바이올시다.

명예 훼손으로 고발당하다

그러나 불행히도 플림솔의 지나친 열의가 실수를 부르고야 말았다. 그가 그의 동료인 국회의원들마저 싸잡아 비난의 대상으로 삼은 것이 화근이 되었던 것이다.

기실 그가 '폐선 전문 고물상인'이니 '난파선 소유주'라고 몰아붙여도 할 말이 없는 해운업자들도 한둘이 아니었지만, 그 반면에 양심적인 선주들도 결코 적지 않았다.

누구를 비난, 공격할 것인가를 선정할 때 그는 입수된 정보를 전혀 확인하지 않았고, 설사 확인하더라도 그저 대강 훑어 보는 정도토 지나쳤다. 만약 그가 조금만 더 조심스러운 사람이었던들, 그는 선주이면서 하원의 동료 국회의원이었던 두세 명마저 비난할 만용을 부리지는 않았을 것이다.

그러나 마치 브레이크가 걸리지 않은 자동차처럼 돌진하던 그는 그들마저 싸잡아 비난해 버렸다. 이들이 수송선 선원들의 참혹한 희생 위에서 재산을 축적하였고, 국회에 들어와서도 이 문제에 관한 입법을 추진하기는커녕 방해하려고 갖은 수단을 강구하고 있다고 규탄하면서 말이다.

사실 이것은 매우 조심스럽고 민감하게 접근해야 할 문제였다. 그런데도 그가 섣불리 폭탄을 터트린 것이나 다름없었기 때문에 공격을 당한 의원 중 하나가 플림솔을 명예 훼손죄로 고발한 것은 전혀 놀라운 일이 아니었다. 국가적으로 보면 그의 주장은 공익을 전제로 한 명분에서 비롯된 것일 뿐, 개인에 대한 비난이 목적은 아니었지만 이미 물은 엎질러진 상태였다.

결국 플림솔과 그 국회의원은 법정에서 공방을 벌이게 되었다.

국회의원은 '좌초나 충돌 사고 이외의 경우가 아니고는 단 한 척의 배도 침몰로 잃은 사실이 없다'며 자신의 결백을 주장하였다. 자신은 단 하나의 예외를 제외하고는, 날씨가 원인이 되어 배를 잃은 사실이 없으며 단 하나의 선원도 잃은 적이 없다고.

재판은 퍽 오랜 시간 진행되었다. 지역 고등법원은 플림솔이 불충분한 증거를 가지고 성급히 성명을 낸 점은 문책되어야 한다고 판결하였으나 형법을 적용할 사건은 아니라고 덧붙였다. 결국 플림솔은 이 사건의 적지않은 소송 비용을 전액 부담하여야 했다.

플림솔의 끈질긴 제안에 따라 왕립 조사 위원회는 보고서를 제출하였다. 그렇다고 해서 그들이 선박에 짐을 과중하게 실어서는 안 된다는 그의 캠페인에 사실상 지지를 보낸 것은 아니었다.

플림솔은 그래도 굴복하지 않고 마침내 1875년에는 해운법 개정안을 제출하였다.

이 법안의 제1조는 모든 선박이 리버풀의 선급협회(船級協會)에서 검사를 받은 것 이외에는 각기 지금 있는 항구에서 나가기 전에 검사를 받아야 한다고 규정하고 있다. 제2조는 어느 선박이건 최소한의 흘수선을 그려 넣지 않으면 안 된다고 규정하고 있었다.

그러나 이 법안은 좀처럼 심의에 통과되지 않았다. 설상가상으로 수상 디즈레일리(Benjamin Disraeli, 1808년~1881년)가 이 법안을 철회할 의향임을 정부 방침으로 밝히자, 해운법 사태는 크나큰 위기를 맞게 되었다.

그러자 의회에서는 좀처럼 보기 드문 일이 일어나고야 말았다. 플림솔 의원은 법안 철회 소식에 완전히 자제력을 잃고 흥분으로 몸을 떨며 앞으로 나아가서 의회의 휴회를 제안하였다.

의사가 재개되자 플림솔은 1874년에 있었던 선박의 침몰 사고에 관하여, 그리고 그것이 플리머스 출신의 하원 의원인 베이츠의 선박이었는지 여부에 관하여 상공 장관의 보고가 요청될 것이라고 말했다. 플림솔 의원은 또 나아가서 자유당 의원 몇몇에 관해서도 그 같은 질문이 던져질 것이라고 예고하더니, 끝끝내 다음과 같은 폭탄 발언을 하기에 이르렀다.

"본 의원은 이 가련한 선원들을 죽음으로 몰아넣는 악한들의 가면을 벗겨 버리기로 결심하는 바입니다."

플림솔 의원은 의장 앞에 선 채 격렬하게 몸을 흔들며 발을 굴렀고, 심지어 주먹 쥔 팔을 들어 재무 장관 일행이 있는 벤치를 향해 저어 보이기까지 했다.

의회에서의 이 같은 과격한 행위가 간과될 리 없었다. 더욱이 동료 의원들을 악한 운운하며 매도한 사실은 중대한 과실로 여겨져, 이 같은 행위에 대해 수상은 징계를 제안하기에 이르렀다.

플림솔의 동료 의원이 그를 옹호하는 발언으로 맞서는 바람에 겨우 무마되기는 하였으나, 하원 의장은 그에게 다음 주 같은 요일에 출석하여 사과문을 발표하도록 명하였다.

1주일 뒤 플림솔은 청중으로 가득 차 시끄러운 의회에서 지난번 자신의 발언에 대해 깊은 유감의 뜻을 표명하였고, 의회가 그의 사과 발언을 받아들이는 것으로 사건은 마무리되었다.

그렇다 하더라도 이 사건은 결과적으로 그에게 해보다는 득이 되었다고 볼 수 있다. 이런 사건을 벌임으로써 플림솔의 주장은 오히려 세간의 주목을 끌게 되었고, 정부는 신문의 논조와 여론의 채찍질을 받아 이 법안의 심의 통과를 서두르지 않을 수 없는 상태에 이르렀던 것이다.

　그리고 마침내 1875년 8월, 동 법원은 하원의 결의를 거쳐 이듬해에 '상업 해운 법(Merchant Shipping Act)'을 공포하였다 ■

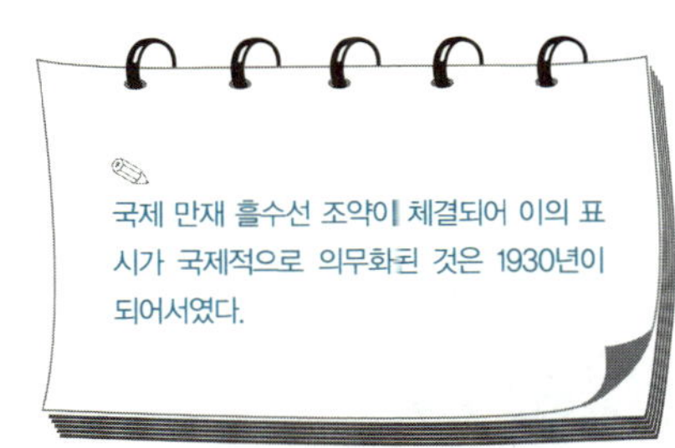

19

초기의 증기 기관

세 이 버 리 의 증 기 기 관

뉴 커 먼 의 증 기 기 관

개 구 쟁 이 소 년 의 잔 꾀

와 트 의 콘 덴 서 발 명

마 력 의 정 의

증기로 움직이는 엔진, 즉 증기 기관의 연구 개발은 17세기에 이르도록 거의 진보하지 못하고 있었다. 그러나 17세기에 일어난 여러 사건들이 증기 기관의 발달에 중요한 바탕이 되었다.

냄비 뚜껑과 수증기

증기 기관의 발달에 특히 이바지한 사람 가운데 하나는 우스터(영국 남부의 도시)의 제2대 후작이었던 에드워드 서머싯(Edward Somerset, 1601년~1667년)이었다.

서머싯은 17세기 중엽, 영국 역사에 파란을 일으켰던 찰스 1세(Charles I, 1600년~1649년)의 계획에 가담하였다가 의회의 결의에 의해 국외로 공식 추방되고 영지도 몰수당한 인물이다. 의회는 '서머싯이 영국 안에서 발견되면 가차없이 사형에 처함'이라는 선고를 내렸다.

이런 결의에도 불구하고 그는 왕당파의 스파이로 은밀히 귀국하였다가 결국 1652년에 체포되어, 그 무렵 흔히 있었던 일처럼 아무런 재판도 받지 않은 채 런던 탑에 투옥되고 말았다.

그는 군인이 되기 전에는 과학에 깊은 관심을 기울인 청년이었는데, 2년 동안이나 계속된 옥중 생활 속에서 여러 가지 과학 문제를 고찰하느라 여념이 없었다.

어느 날 그는 저녁밥을 짓다가 끓는 물에서 새어 나오는 김 때문에 냄비의 뚜껑이 끊임없이 달가닥거리는 현상을 관찰하였다. 이 현상을 유심히 지켜보던 그는, 냄비의 쇠뚜껑을 들어올릴 수 있는 수증기의 엄청난 힘을 좀더 유용하게 쓸 수 있지 않을까 하는 생각을 하기에 이르렀다.

이윽고 자유의 몸이 된 뒤, 그는 이 아이디어를 되살려서 광산의 갱도에서 물을 배출하는 데 쓰일 증기 기관을 설계하였다고 한다. 그러나 그가 실제로 증기 기관을 만들었다는 사실을 증명해 줄 만한 결정적인 증거는 없고, 다만 그런 기계를 만드는 법을 간략히 적은 저서 《발명에 관한 100가지 이야기》만 전해질 뿐이다.

세이버리의 증기 기관

증기 기관에 관한 두 번째 이야기에는 토머스 세이버리(Thomas Savery, 1650년경~1715년)라는 인물이 등장한다. 군사 공학자로 틈만 나면 기계의 실험에 몰두했던 그는, 콘월의 광산에서 물을 퍼낼 방법을 고심하던 끝에 거기 쓰일 증기 기관을 발명하였다.

　　어느 저술가는 세이버리가 우스터 영주의 저서에 실려 있는 설계로 증기 기관을 만들었다고 비난하며, 그가 자신의 치사스러운 도둑질을 어떤 방법으로 숨기려 들었는지 다음과 같이 설명하고 있다.

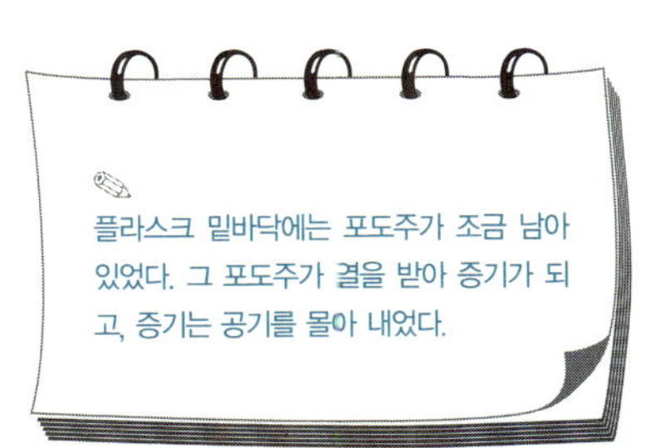

　그는 우스터 영주의 책을 닥치는 대로 사서 불태워 버렸다. 그 책에서 설계도를 모방한 사실을 숨기기 위해서였다. 그런 뒤 그는 우연한 일로 증기의 힘을 발견했다고 긍언하면서, 자신을 믿게 하려고 이런 이야기를 꾸미기도 했다. 어느 날, 그는 선술집에서 플라스크에 든 포도주를 들이켜고 그것을 불 속에 던졌다■. 조금 뒤에 문득 플라스크를 보니, 그 속은 증기로 가득하였다. 그가 플라스크를 꺼내 주둥이를 밑으로 향하게 해서 들고 찬물이 든 항아리 속에 집어넣었더니 순식간에 항아리의 물이 플라스크 안으로 빨려들어갔다.

　　그 무렵 ‘불 엔진’이라고 불리기도 했던 세이버리의 증기 기관의 원리는, 이 플라스크와 찬물이 든 항아리의 관계와 비슷했다.

　　증기 기관은 커다란 구체에 긴 관을 이은 것으로, 관의 끝은 광산의 갱도 밑바닥에 괸 물에 꽂혀 있었다. 먼저 구체에 증기를 채우고 밖에서 찬물을 끼얹으면 증기가 응결되어 서너 방울의 물이 된다. 그러면 완전하지는 않지만 내부가 진공 상태로 변한다. 이 때문에 물은 즉각 관을 타고 올라와 구체 속으로 빨려들어가게 되는 것이다. 구체에 들어간 물을 비운 다음 같은 과정을 되풀이하면 갱도 속의 물을 빼낼 수 있었다.

플라스크에 든 포도주 사건이 실제로 세이버리의 증기 기관의 계기가 되었는지 아닌지는 그다지 중요한 문제가 아니다. 실제로 광산에서 사용된 것은 세이버리의 작품이었고, 사실 서머싯의 저서에 실린 증기 기관 제작법은 설명이 부족하여 누구도 그것을 보고 실제로 증기 기관을 만들지 못했을 것이기 때문이다.

그러나 세이버리의 이 증기 기관 또한 많은 문제점을 안고 있었고, 특히 고압 증기에 약했기 때문에 얼마 못 가 그 인기와 지위를 잃고 말았다. 이어서 다트머스의 대장장이인 토머스 뉴커먼(Thomas Newcomen, 1663년~1729년)이 세이버리의 증기 기관을 개량하여 훨씬 능률 좋은 증기 기관을 만들어 냈다.

뉴커먼의 증기 기관

뉴커먼의 일화 또한 서머싯 후작의 이야기와 매우 유사하다.

어느 날 뉴커먼은 난로 앞에
서 주전자 속에 물이 끓으면서,
그 증기로 인해 뚜껑이 연달아
오르락내리락하는 현상을 관찰
하였다 한다. 그는 뚜껑을 들어
올리며 빠져 나가는 증기가 강한
힘을 가지고 있다고 확신하여 그
유명한 증기 기관을 설계하게 되
었다는 것이다.

뉴커먼의 증기 기관의 구조를
약술하면 다음과 같다.

기다란 빔(beam)을 축 A로 받치고, 그 한 끝에 추 B를 매달아 빔이
시소처럼 편히 아래위로 움직이게 한다. 다른 한 끝은 쇠사슬로 피스
톤 P에 연결해 놓았다. 빔의 한쪽 끝이 위로 올라가면 피스톤은 실린
더의 끝까지 당겨 올려진다.

이 자리에 아이 하나가 앉아서 줄곧 꼭지를 여닫는다. 피스톤이 실
린더 위 끝에 닿을 때 꼭지 C를 열면 실린더에 증기가 가득 찬다. 이어
서 이 꼭지를 닫고 다른 꼭지 D를 열면 찬물이 실린더 속으로 힘차게
들어간다. 증기는 차가워져서 응결되고, 실린더 속은 불완전하나마 진
공을 이룬다. 이 때문에 피스톤의 외면에 작용하고 있는 대기의 압력

이 피스톤을 내려서 실린더의 밑까지 밀어 댄다.

차가운 물은 꼭지 E를 통해 실린더에서 흘러 나가고 모든 과정을 처음부터 다시 되풀이할 준비가 갖추어지는 셈이다. 그림에서처럼 빔은 오르내리는 동안에 쇠사슬 G를 매개로 펌프 F를 움직이게 한다.

사실 뉴커먼이 처음 만든 기계는 위에 설명한 것과는 조금 달랐다. 증기를 응결시키기 위해서 꼭지 D로 물을 뿜어 넣는 것이 아니라, 꼭지 H에서 찬물을 내보내어 실린더의 위 끝에 올라간 피스톤 위에 떨어뜨렸었다.

그런데 아주 우연한 발견으로 인해 기계에 물을 넣는 방법이 바뀌게 되었다. 어느 날, 뉴커먼의 증기 엔진이 갑자기 심하게 요동치더니 지금까지의 한 **행정**에 소요된 시간 동안에 몇 행정이나 왕복하는 모습을 보였다. 뉴커먼은 깜짝 놀라 기계를 조사해 봤는데, 피스톤에 구멍이 나 있고 찬물이 그 구멍을 통해서 실린더의 밑바닥에 떨어져 내려 증기가 급속히 응결한 것을 확인할 수 있었다.

그의 한 전기 작가는 이 우연한 발견을 이렇게 기록하였다.

이 현상이 일어났을 때 한 줄기 새로운 빛이 뉴커먼의 머리에 스치더니 찬물을 실린더의 바깥에 붓는 대신, 실린더 속에 직접 부어서 증기를 응결시킨다는 아이디어가 즉각 떠올랐다. 그는 우연한 발견을 기계의 부품에 구체화하는 궁리를 하였다. 관 D를 장착한 뒤, 그 끝에 로스 헤드(물뿌리개의 끝부분)를 끼워서 피스톤이 내려올 때 언제든지 실린더 속에 차가운 물줄기를 주입할 수 있도록 했다. 증기는 거의 순간적으로 응결되고 그로써 피스톤의 위로 올라가는 행정에 곧바로 내려가는 행정이 이어지게 되었다.

개구쟁이 소년의 잔꾀

뉴커먼의 증기 기관은 대성공이어서, 1712년 처음 세워진 이후 유럽의 많은 나라로 퍼져 오랫동안 사용되었다. 앞서 언급했듯이 이 엔진을 움직일 때는 곁에 소년 하나가 따라붙어서 적당한 시기에 꼭지를 열었다 닫았다 해 주어야 했다. 그런 일을 위해 고용된 소년 가운데 험프리 포터(Humphry Potter)가 있었다.

소년은 얼마 안 가서 이 단순한 일거리에 싫증이 났는지, 엔진실의 바닥에서 구슬치기—그 곳은 이 놀이를 하기엔 안성맞춤의 장소였다—를 하고 싶어졌다. 그가 일을 하는 동안 친구들이 찾아와 곁에서 구슬치기를 하며 약을 올리곤 하는 것을 더 이상 견딜 수 없었던 것이다. 그러나 꼬리가 길면 밟히는 법, 소년은 마침내 엔진실에서 구슬치기를 하는 현장을 주인에게 들키고 말았다.

 심한 벌을 주었다. 그러던 중 그는 소년이 엔진 곁을 지키고 있지 않음에도 불구하고 펌프의 엔진이 충실히 그 책임을 다하고 있는 현상을 목격하게 되었다. 그는 이 영리한 소년이 적당한 길이의 나무 막대기와 밧줄을 꼭지와 빔에 잡아매고, 빔의 상하 운동에 따라 꼭지를 적당한 간격으로 여닫게 하고 있었다는 사실을 알았다.

그의 주인은 소년의 아이디어가 기발했음을 인정하고, 소년이 사용한 밧줄과 나무막대기 등을 쇠붙이로 바꾸어 기계에 장착했다. 증기 기관은 이렇게 구슬치기를 하고 싶은 마음에 잔꾀를 부리던 한 소년의 재치로 자동화되기에 이르러, 결국 보일러를 담당하는 화부만 있으면 가동할 수 있게 된 것이었다.

이 에피소드를 처음으로 공개한 이는 주인이었던 헨리 베이튼의 친구로, 그가 자세한 내용을 제공해 주었다 한다. 그러나 사실을 뒷받침할 만한 증거는 없는 것으로 보인다.

와트의 콘덴서 발명

뉴커먼의 엔진은 널리 사용되었으나 동작이 느린 게 단점이었다. 또 실린더를 식혀서 증기를 응결시키기 때문에 연료 낭비가 심하다는 점도 문제가 되었다.

　1764년 글래스고 대학에서 기구 제작에 종사하고 있던 청년 제임스 와트(James Watt, 1736년~1819년)는 뉴커먼 기관의 한 모형을 수리하는 일을 맡게 되었다. 그는 자신에게 주어진 그 모형을 주의 깊이 연구한 결과 어디에 결함이 있는지를 꿰뚫어 보았다.

　그는 마음 속으로 이를 개량할 방법을 이리저리 궁리해 보았으나, 쉽게 좋은 생각이 떠오르지 않았다. 그러던 1765년 초엽의 어느 일요일에 갑자기 기발한 아이디어가 떠올랐다. 와트는 그 기발한 발상에 관해 이렇게 적고 있다.

날씨가 맑았던 안식일 오후에 나는 산책을 나갔다. 문을 지나 골프장을 향해 그린으로 들어가서 낡은 세탁소 곁을 지나는 동안 나는 내내 엔진 생각에 골몰해 있었다. 이윽고 축사(畜舍) 부근에 이르렀을 대 번쩍 아이디어가 떠오르더니 골프하우스에 닿을 무렵에는 머릿속에서 모든 것이 정리되어 있었다.

　이튿날 그는 일찍 일어나서 자신의 새로운 계획을 시도해 보았다. 그것은 간단한 개량으로서, 별도의 용기를 실린더에 연결하여 증기가 그 속에서 응결되도록 한 것이었다. 이렇게 하면 실린더 자체를 식힐 필요가 없었다. 증기를 응결시키기 위한 용기, 즉 콘덴서(condenser)를 단 덕분에 엔진의 효율은 높아지고 연료는 대폭 절약되었던 것이다.

와트와 주전자의 얘기 또한 우리에게 널리 알려져 있다. 그 이야기가 처음 세간에 알려지게 된 것은 그 일이 실제 있었던 것으로 여겨지는 시기로부터 반 세기쯤이나 지나서였다.

어느 날 밤에 소년 제임스는 고모인 뮤어헤드 양과 같이 테이블에 앉아 있었다. 그런데 제임스를 한참 동안 지켜보고 있던 고모는 소년을 나무라기 시작했다.

"애야, 난 너 같은 게으름뱅이는 처음 본단다. 책을 읽든지 아니면 다른 일이라도 좀 하면 어떻겠니? 지난 한 시간 동안 너는 단 한 마디도 하지 않은 채 그 주전자 뚜껑만 들었다 놓고, 찻잔과 수저를 김에 쐬어 주둥이에서 내뿜는 김의 모양이나 보고 있고, 김이 식으면 물방울이나 세어 보고 도대체 그렇게 시간을 헛되이 보내는 것이 얼마나 창피한 일인 줄 모르겠니?"

이처럼 주전자와 증기에 심취했던 그는 주전자의 주둥이를 틀어막아 증기가 달아나지 못하게 하다가 증기가 그 뚜껑을 들어올리는 사건도 경험했다고 한다.

주전자의 뚜껑과 증기의 힘에 얽힌 이야기가 이렇게 세 사람—와트, 뉴커먼, 우스터의 영주—모두에게서 나타난다는 사실은, 증기 기관의 발명과 사용이 오랜 역사의 결과라는 사실을 알려 준다는 점에서 특히 주목할 만하다 하겠다.

마력의 정의

　와트의 새로운 엔진은 그 이전의 설계에 견주어 놀랍도록 진보된 것이었다. 그는 곧 매튜 볼턴(Matthew Boulton, 1728년~1809년)이라는 실업가와 협력하여 증기 기관을 제작하는 대규모의 공장을 건설하였다.

　이들은 곧 유명세를 떨치게 되었고 볼턴은 국왕을 배알하는 영광을 누리기도 하였다.

　국왕 조지 3세(George Ⅲ, 1738년~1820년)를 배알한 자리에서 볼턴은 어떤 일을 하고 있느냐는 국왕의 질문에 이렇게 대답했다.

　"폐하, 신은 어떤 물품의 생산에 종사하고 있사온데, 그 물품은 여러 국왕께서도 꼭 원하시는 것이옵니다."

　"그게 무엇인고?"

　"파워(power)이옵니다, 폐하."

　여기서 볼턴이 말한 파워란 두말 할 것도 없이, 증기 기관이 발명되기 전에는 말이 하던 그런 일에 필요한 파워를 뜻했다.

　그의 협력자 와트는 새로 발명한 엔진의 성능을 일목요연하게 비교하는 방법은 그 엔진과 같은 일을 하는 데 필요한 말의 수를 어림하는 데 있다는 생각을 했다. 와트는 이것을 몹시 독특하면서도 능률적인 방식으로 도출해 냈다.

　그는 어느 맥주 회사와 교섭하여, 그 회사의 런던 소재 양조 공장에서 말 몇 마리를 사용해 실험을 할 수 있도록 허가받았다. 와트는 먼저 무게 45kg의 추에 긴 밧줄을 매어서 깊은 우물의 밑바닥에 내려놓았다. 그 밧줄의 한쪽 끝은 우물 위의 도르래에 걸쳐 놓고, 밧줄에 말 한 마리를 매어 놓았다.

이 실험을 통해서 와트는 평균적으로 말 한 마리는 추를 우물 위로 끌어올리면서 평평한 지면 위를 한 시간에 4km의 속도로 걸을 수 있다는 사실을 구명하였다.

다시 말하면, 말은 45kg의 무게를 들어올리면서 한 시간에 4km, 즉 매분 67m의 비율로 걷는다는 것이다. 이는 결국 말이 45kg의 무게를 1분에 67m의 높이로 들어올린다는 것을 뜻하며, 와트는 이 실험을 통해 '말 한 마리는 1분 동안 22,000피트/파운드의 일을 할 수 있다.'는 결과를 도출해 냈다.

그러나 말이 추를 머리 위로 곧추 끌어 올릴 수는 없다는 점 때문에 도르래를 썼고, 도르래의 마찰로 인해 운동이 얼마간 늦어졌음을 고려해야 했다. 또 실험에 쓴 말이 여느 말보다 약했을 수도 있는 등의 그 밖의 여러 가지 사항을 생각하여, 와트는 자신이 얻은 22,000이라는 숫자를 5할 늘려 말이 1분 동안 일할 수 있는 양을 33,000피트/파운드(초당 550피트/파운드)로 정했다. 즉 1마력(horsepower,hp)은 매분 33,000피트/파운드라는 정의를 내린 것이었다.

예컨대 와트가 엔진의 구매자에게 엔진의 마력을 알려 주면, 구매자는 엔진의 1마력마다 33,000파운드를 1분에 1피트 높이로 올린다는

사실을 와트가 보장한다는 사실을 인식하게 되는 것이었다. 덕분에 구
매자들은 엔진의 성능을 말이 하던 일의 양과 비교할 수 있게 되었다.

20

기관차의 등장

트 레 비 식 의 기 관 차

비 운 의 발 명 가 트 레 비 식

18세기 말엽에는 세이버리니 뉴커먼이니 와트니 하는 발명가들이 광갱에서 지하수를 퍼내는 일에서 말을 대신할 수 있는 증기 기관을 발명하고 있었다. 그런데 이 무렵이 되자 발명가들은 도로 위에서 짐수레나 마차를 끄는 일에서도 말을 대신할 수 있는 증기 기관, 즉 '증기 기관차'를 만들려고 생각하기 시작했다.

최초의 증기 기관 실험

증기 자동차를 처음 발명한 이는 조지프 퀴뇨(Nicolas Joseph Cugnot, 1725년~1804년)라는 프랑스 사람이었다. 군사 기술자였던 그는 무거운 대포를 사람이나 말이 끌지 않고 운반할 수 있는 방법을 고심하던 끝에 제임스 와트의 증기 엔진에서 힌트를 얻어 스스로 움직이는 수레를 발명하게 되었다.

그는 앞에 하나와 뒤에 둘, 총 세 개의 바퀴를 가진, 이른바 세계 최초의 자동차를 만들어 냈다. 그 증기 자동차는 보일러의 증기로 2실린더의 엔진을 움직이며, 화물을 뒤에서 운반할 수 있는 구조물을 브착한 운반차였다. 그런데 보일러에서 나오는 증기로는 자동차를 고작 15분 동안밖에 달리게 할 수 없어서, 그 뒤 다시 증기가 만들어지기까지 엔진을 멈춘 채 기다리고 있어야 했다.

당시 프랑스 육군 사령관은 이 증기 자동차에 대해서 큰 관심을 보였는데, 그는 이 차가 혹시 말을 대신해서 대포를 끌고 다닐 수는 없을까 기대하며 그것을 실험하도록 지시하였다. 드디어 그 실험 날, 파리의 거리 한복판으로 나온 증기 자동차는 불과 연기와 굉음을 뿜어 내며 시속 4km 정도로 거리를 달려 보였다.

실험은 적어도 차가 한길의 모퉁이를 돌기 전까지는 성공적이었다. 그러나 모퉁이를 돌던 자동차가 엔진이 있는 앞바퀴의 무게를 이기지 못하고 벽을 들이받으며 쓰러져 버리는 것이 아닌가.

엔진은 망가지고 구경꾼 중 몇은 부상을 당했다. 구경꾼들 중에는 이 역사적 실험을 지켜보기 위해 참관한 고위층 군인도 몇몇 섞여 있었다. 이 사고로 인해 실험은 즉각 중지되었고, 퀴뇨가 그런 위험한 기계를 두 번 다시는 쓸 수 없게끔 차를 창고에 넣고 문에 커다란 자물쇠를 채워 버렸다. 게다가 퀴뇨마저도 기관차와 더불어 한동안 감금되었다.

이 무서운 최초의 자동차를 없애 버리지 않았던 것은 나폴레옹 때문이었다고 한다. 어느 저술가의 글에 따르면, 뒷날 자기 군대에 쓸모가 있음직한 것에는 무엇이든지 관심을 기울이던 나폴레옹은 이 엔진에 대해서도 깊은 관심을 기울였다는 것이다. 그리하여 1801년, 나폴레옹은 끝내 그것을 다시 한 번 실험해 보기로 결정했으나 실험이 실행되기 전에 진격에 참가하고자 나일 강 일대로 떠나고 말았다.

결국 그 자동차는 당시에는 햇빛을 보지 못한 채 어둠 속에 갇혀 있다가, 그 후 파리 국립 기술 공예 박물관으로 옮겨져 현재까지 빛을 발하고 있다.

이와 같은 증기 기관의 발명에서 꽤 큰 성공을 거둔 또 하나의 젊은 이는 스코틀랜드의 윌리엄 머독(화학편 제13장, 물리편 제18장 참조)이었다.

그는 광산에서의 배수를 위해 설치하는 증기 기관을 만드는 것으로 유명한 '볼턴과 와트 공장'에 고용되어 콘월에서 기사로 근무하고 있었다. 머독은 자기네 회사에서 만드는 증기 기관의 원리를 잘 알고 있었으므로 스스로의 힘으로 도로를 달리는 조그만 기관차 모형을 만들어 보기로 하였다. 기관차 모형이 완성된 것은 1784년의 일이었다.

이 증기 기관차의 모형은 길이가 약 48cm에 높이 약 36cm의 크기로, 바퀴가 앞에 하나, 뒤에 둘 달려 있었고 보일러는 알코올램프로 가열하게 되어 있었다. 실린더는 지름 2cm에 행정은 5cm였다. 엔진은 증기의 팽창력으로 가동되고, 증기는 실린더 안에서 작업을 한 뒤 대기 속으로 방출되었다.

기관차 모형을 완성한 뒤, 머독은 레드루스에 있는 자신의 집에서 처음으로 실험을 해 보았다. 작은 기관차 모형이 그의 집 마루 위에서 조그만 모형 짐수레를 끌고 신나게 달리는 것을 본 그는 그 모형을 밖으로 가지고 나갔다. 그의 생각에는 교회로 가는 비교적 평평한 마찻 길이 가장 실험에 적당할 듯했다. 그 시운전의 전말을 F. 트레비식(Francis Trevithick)은 다음과 같이 기록하고 있다.

머독은 노상을 달리게끔 설계된 모형 증기 기관차를 밤마다 남몰래 만들고 있었다. 그것은 매우 작아서 운전사가 타고 달릴 수는 없었다. 이 조그만 신사(모형 기관차)의 덩치는 그렇게 작았지만, 그것을 발명한 주인과의 경주에서 거뜬히 이길 정도로 힘이 셌다.

어느 날 밤, 머독은 콘월의 레드루스 광산에서 일을 마치고 귀가하자, 기관차 모형 엔진의 힘을 시험해 보고 싶은 충동을 느꼈다. 그 시절에는 레일이라는 것이 없었으므로, 그는 시내에서 1.6km쯤 떨어진 교회로 가는 한길을 택하였다. 그 길은 매우 좁았지만 마치 정원 속의 오솔길처럼 롤러로 평평하게 다져져 있었다.

그 날 밤은 몹시 어두웠다. 머독은 혼자 신이 나서 엔진을 끌고 한길로 나갔다. 엔진의 보일러 밑에 있는 램프에 불을 지피자 기관차는 힘차게 달리기 시작하였다. 머독은 힘껏 그 뒤를 쫓아갔다. 그런데 얼마 지나기도 전에 앞쪽 저 멀리에서 절망적인 비명이 들려왔다. 어두워서 전혀 식별할 수는 없었지만, 머독은 구조를 청하는 그 목소리의 주인공이 교회의 고위 목사임을 단박에 알 수 있었다. 목사는 마침 일을 보러 시내에 가려고 교회에서 나오다가 어둠 속에서 느닷없이 뛰쳐나온 그 괴물을 보았던 것이다. 괴물은 맹렬한 속도로 칙칙 소리를 내며 불과 연기를 마구 내뿜으며 덤벼들었다. 목사는 그것이 바로 악마라는 생각이 들어 목청껏 살려 달라고 절규하였던 것이다.

머독은 부리나케 달려가서, 거의 정신을 잃을 지경으로 겁을 먹은 목사에게 움직이는 괴물의 정체를 알려 주었다. 그리고는 기관차 모형을 가까스로 붙잡아서 데리고 돌아왔다.

머독이 실험을 하고 있다는 소식을 듣자, 제임스 와트는 그가 모형 기관차에 열중하느라 공장 일을 소홀히 할까 염려가 되었다. 그는 볼턴에게 머독을 만나 실험을 중지하도록 설득해 달라고 부탁하였다.

볼턴은 때마침 기관차 제조법의 특허 신청을 위해 런던으로 출발하려던 머독을 간곡히 설득하여 간신히 콘월로 돌려보냈다. 머독은 집으로 돌아오자 모형 기관차를 풀어 놓고는, 아마도 이것이 자신의 소중한 엔진을 움직이는 마지막 기회일 것이라고 아쉬워하며 기관차들을 운전해 보았다.

그리고 그것을 폐기 처분하기에 앞서 볼턴에게 그 기관차가 부삽이나 부젓가락 따위의 짐을 싣고 달릴 수 있다는 사실을 자랑스럽게 보여 주었다.

그러나 다행스럽게도 이들 모형 기관차 가운데 하나—머독은 두세 개의 각기 다른 모형을 만들었다.—는 그의 가족이 100년 동안이나 소중히 보관해 오다가, 박물관에 넘겨 많은 사람들이 볼 수 있도록 전시하게 되었다.

　같은 시기, 머독의 마을과 그다지 멀지 않은 곳에 또다른 기술자인 리처드 트레비식(Richard Trevithick, 1771년~1833년)이 살고 있었다. 육군 대위 출신인 트레비식은 광산에서 일하였는데, 그 역시 발명가 기질이 다분한 인물이었다.

　그는 고압의 증기를 사용하는 증기 기관을 설계하고 있었다. 1801년 설계를 완성한 뒤 친구의 대장간을 빌려 6개월 동안 작업한 끝에, 트레비식은 보일러 엔진이 뒤에 달린 역마차 모양의 증기 기관차를 완성해 냈다. 이 차는 실린더 하나와 가로형의 보일러에 굴뚝이 달렸으며 적어도 6명은 탈 수 있을 정도로 크기가 컸다.

　1801년의 크리스마스 이브, 드디어 트레비식은 증기 기관차를 시운전하게 되었다. 스티븐 윌리엄스 영감은 1858년에 이르러 그 날 있었던 일을 다음과 같이 회상하였다.

나는 딕(Dick, 트레비식의 애칭) 대위를 잘 알고 있었다. 그는 나와 같은 나이였다. 나는 통을 만드는 것이 직업이었는데, 딕 대위가 그의 첫 증기 기관차를 만들 때 나도 함께 그 작업에 참여하고 있었다. 이 곳 가까이의 웨일스에 있는 존 타이약의 대장간이 우리의 작업장이었다. 우리가 모든 부품을 딱 맞추어서 장착하는 데는 수많은 어려움이 따를 수밖에 없었다.

딕 대위는 저녁 때 나타나 증기 기관차를 웨일스의 대장간 앞 한길로 끌어내었다. 그는 보일러에 불을 지펴 증기를 내기 시작하였다. 드디어 그가 증기 기관차를 움직이기 시작하자, 우리는 탈 수 있는 한껏 차에 올라탔다. 아마 7~8명은 올라탔던 것 같다.

웨일스로부터 캠본 비콘까지는 가파른 언덕길이었으나, 기관차는 신나게 올라갔다. 차가 400m쯤 가자 울퉁불퉁한 돌밭이 나왔다. 차의 속도는 느려졌고 비가 내리는데다가 사람은 많아 답답했으므로 나는 뛰어내리고 말았다. 차는 계속 달려서 언덕을 400~800m 정도까지 올라갔다가, 다시 방향을 바꾸어 대장간으로 돌아왔다.

이 때 같이 타고 있던 히치하이커(Hitchhiker)는 다음과 같이 회상하고 있다.

트레비식이 엔진에 하중(荷重)을 붙이기 위해 사람들에게 타라고 말하자, 단박에 사람들이 주렁주렁 매달렸다. 그 하중은 증기가 계속되는 동안은 스피드에 조금도 영향을 끼치지 않았던 것 같다. 엔진에 의해 회전되는 복동식(複動式)의 풀무가 불에 바람을 보내었고, 엔진은 피스톤의 한 행정마다 증기와 연기를 굴뚝으로 '폭폭' 내뿜었다. 그래서 우리는 그 기관차를 '딕의 칙칙폭폭'이라 불렀다.

실제로 증기 기관에서 고압의 증기가 피스톤을 실린더의 머리 부분까지 밀어 올리고 밖으로 달아날 때면 "폭(puff)"하는 소리가 나곤 했다. 그래서 사람들은 이 엔진을 "폭폭(puffer)"이라고 부르게 되었는데, 이후 "칙칙폭폭"이라는 말은 모든 증기 기관차에 적어도 1세기 동안은 붙어다니게 되었다.

트레비식이 시운전을 한 길은 경사가 진데다가 표면이 울퉁불퉁하여 험난하기 그지없었다. 말이 끄는 수레로는 천천히, 아주 천천히 걷는 속도밖에 낼 수 없었던 이 언덕을 그의 자동차는 달리듯이 올라갔던 것이다.

이튿날, 트레비식은 증기차를 약 1.6km 가까이나 몰아서 친구인 앤드루 비비안 대위의 집 앞을 지나갔다. 그 집의 가정부 할멈이 이를 내다보고는 혼비백산하여 소리를 질렀다.

"아이고, 저것 좀 봐요, 비비안 씨! 저게 연기를 뿜어 내며 걷는 악마가 아니고 무엇이겠어요!"

비운의 발명가 트레비식

1801년 12월 28일, 트레비식은 비비안 대위를 비롯하여 두세 명의 친구를 태우고 길을 나섰다. 그것이 마지막 주행이 될 줄은 꿈에도 모른 채.

차는 한동안 잘 달리다가 도중에 한길을 가로질러 흐르는, 널빤-지도 걸쳐 놓지 않은 도랑 같은 냇물을 만났다. 이 냇물을 건널 때 차가 '덜 컥'하고 튀어오르자 놀란 운전사는 핸들을 놓쳐 차가 뒤집혀 버리고 말았다.

일행은 차를 일으켜 세우고는 가까운 선술집으로 들어갔다. 그리고 는 거위 불고기와 음료를 먹으며 분을 풀었다. 그들은 엔진에 아직 불 이 붙어 있다는 사실은 까맣게 잊고 있었다. 그러는 동안 보일러 속의 뜨거운 물이 몽땅 증발해 버리고 엔진이 벌겋게 달아 나무로 만든 차 는 몽땅 타 버렸다.

한편 그들이 선술집 안에 있는 동안 노선 합승 마차의 마부들이 계 획적으로 불을 지른 것이라는 이야기도 있다. 트레비식의 기관차가 성 공적으로 운행된 사실이 알려지면 마부들 자신도 말과 같이 일자리를 잃어버리게 될까 봐 두려워서 그랬다는 것이다.

트레비식과 그의 동료는 이런 수난에도 굴하지 않고, 다시 일을 시 작하여 새로운 엔진을 만들었다. 1802년 '증기로 움직이는 수레'로 특 허를 획득한 그들은 엔진을 런던으로 가지고 가서 공개적으로 전시하 자는 권유를 받았다. 일설에 따르면, 런던으로 가던 도중, 엔진은 캠본 으로부터 프리미스까지 140km를 자신의 힘으로 달렸고, 거기서부터 는 배에 실려 이동되었다고 한다.

그 뒤 런던에서 새로운 객차를 만들었으나, 불과 얼마 안 되는 짧은 시간만 이용되다가 차는 다시 콘월로 반송되었다. 증기 기관차를 사용해서 공공의 대로에서 여객을 실어나른다는 실험은 발명자가 기대한 만큼 성공을 거두지 못했던 것이다.

트레비식은 실의에 빠져 재기할 힘을 잃고, 남아메리카로 이주하여 예전처럼 광산 기술자로 일하였다. 그는 뒷날 다시 영국으로 돌아왔으나, 이미 구호 대상자의 거주 구역에서 부양을 받다가 죽을 정도로 가난의 밑바닥에 빠져 있었다.

그가 비참하게 세상을 떠났을 때는 같이 연구하던 친구들이 기부금을 거두어 부끄럽지 않게 장례를 치러 주었다고 한다. 그리고 1932년에는 그를 기념하는 동상이 세워졌다. 동상은 그의 증기 기관차가 처음으로 달려 올라간 언덕, 비콘 힐(Beacon Hill)을 향해 서 있다.

이탈리아 르네상스 건축의 선구자로 꼽히는
브루넬레스키

증기를 이용한 양수 펌프를
발명한 세이버리

증기 기관의 발명으로 산업
혁명에 큰 공헌을 한 와트

이 책에 나온
등장인물들이에요!
3탄

와트의 증기 기관을 도입하여
증기 기관 사업에 박차를 가한
볼턴

증기차를 만들어 시운전에
성공한 트레비식

증기동력 개발의 선구자 머독

21

탱크의 비밀

유 언 비 어 를 퍼 뜨 리 다

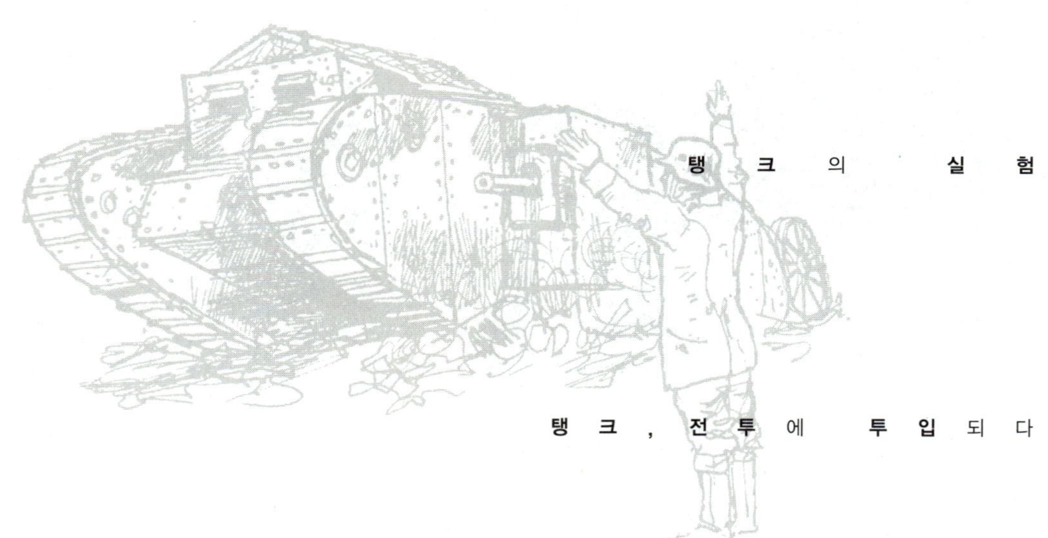

탱 크 의 실 험

탱 크 , 전 투 에 투 입 되 다

제1차 세계 대전은 1914년 여름, 독일군의 전격적인 진격으로 막이 올랐다. 독일군은 기병대가 먼저 돌진하고 그 뒤를 보병이 최대한의 속도로 따라가는 전법으로 며칠 만에 벨기에와 북부 프랑스의 일부를 점령했다. 이에 벨기에, 프랑스, 영국 등 각국 군대들은 부랴부랴 전선으로 달려갔다.

각국의 군 지도자들은 하나같이 이 전쟁이 급속히 진전될 것으로 예상했다. 그러나 예상은 완전히 빗나가고, 몇 달이 흐르자 서로가 참호 속에 들어앉아 맞서는 지구전으로 바뀌어 버렸다. 참호전이 이어지자 양쪽 모두 부대나 대포 등의 대규모 이동 배치를 극히 자제했다.

그 원인은 주로 기관총의 사용과 철조망의 구축에 있었다 ■. 기병도 쓸모가 없었다. 대포를 아무리 쏘아 대도 철조망을 제거할 수 있는 면적은 불과 얼마 안 되었으므로, 말이 통과할 공간을 찾지 못했기 때문이다.

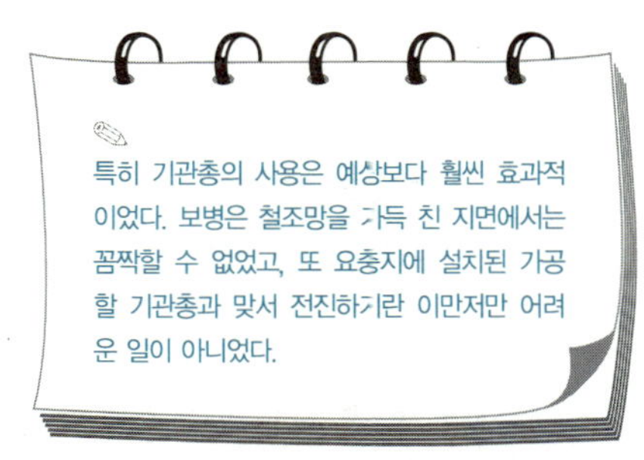

전쟁이 이런 식으로 진행되다가는 도저히 헤어날 길이 없다고 생

각한 그들은 마침내 과학과 기술을 총동원하여 독일의 과학자들은 독가스를(화학편 제21장 참조), 영국의 기술자들은 탱크를 발명하기에 이르렀다.

처칠의 계획

영국의 발명가들이 해결해야 할 과제는 참으로 많았다. 참호와 참호 사이의 지면(무인 지대)은, 겨울에도 억수같이 쏟아지는 비로 진창을 이루고 거기에 포탄이 떨어져 늪이 되었다. 전장은 가는 곳마다 철조망이 쳐져 있었고, 포탄이 떨어진 구덩이가 크게 입을 벌리고 있었다.

탱크가 성공하기 위해서는 이런 가공할 상태의 땅 위를 평면 달리듯 쉽게 빨리 달리는 것만으로는 충분하지 않았다. 탱크는 깊은 구덩이인 참호를 무심히 건널 수 있어야 했다. 또 독일군의 기관총을 잠재울 병기도 갖추어야 했고, 내부의 대원을 보호하기 위한 두터운 장갑(裝甲)도 필수적이었다.

그렇게 만들어진 탱크는 이러한 요구들을 대체로 만족시키는 것이었지만, 여기서는 탱크의 비밀을 유지하기 위해서 채택된 방법이 주제이므로 그 제조법에 관해서는 상세히 언급하지 않기로 한다.

1915년 6월, 영국 정부는 일선의 곤란한 상태를 타파하기에 적합한 전쟁 무기인 육선을 만들기 위해서 링컨의 농업 기술 계통 분야인 포스터 제작소에 도움을 청하였다.

포스터 제작소에서는 전쟁 전에 트랙터를 만든 일이 있었다. 트랙터는 일반 바퀴 대신에 **캐터필러**를 장치하여, 밭이랑 이라든가 도랑 등 울퉁불퉁해서 다닐 수 없는 지면도 얼마든지 다닐 수 있도록 설계된 것이었다. 그러니까 이 회사는 무인 지대를 비롯한 거친 지면을 달려야 할 전쟁 무기를 만들 수 있는 충분한 여건을 갖춘 셈이었다.

탱크—애초에는 이런 이름도 없었지만—를 개발하는 일은 급속히 진전되어, 1915년 9월에는 실물 크기의 나무 모형이 만들어졌다. '리틀 윌리'라는 이 나무 모형은 육선 위원회 위원들의 점검을 기다리고 있었으나, 점검 전에 설계자들이 개량하기로 하는 바람에 무용지물이 되고 말았다. 개량된 모형은 '빅 윌리'라는 이름으로 불리다가 나중에는 '머더(어머니)'로 개칭되었다.

이 전쟁 무기는 전투 현장에 모습을 나타내기 전까지는 절대 비밀을 유지해야 했다. 그 비밀 유지 운동을 지휘한 사람 가운데 하나가 처칠—뒷날의 윈스턴 처칠 경—이었다.

1915년 2월, 당시 해군 장관이었던 처칠은 육선을 만드는 계획에 흥미를 느끼고 있었다. 글자 그대로 '육지의 배'인 그것은 사실 해군부와는 아무 관계도 없었다. 그럼에도 불구하고 처칠은 육선 위원회를 설치하고 실험에 필요한 예산을 7만 파운드 가까이 지출하라는 명령을 내렸다.

하지만 그는 이 행위가 완전히 이례적인 일임을 익히 알고 있었고, 만일에 진상이 알려지면 신랄하게 비난받을 것이 뻔했으므로 일을 비밀에 묻어 두기로 하였다.

'나는 육군부에는 알리지도 않았다. 왜냐하면 그들은 내가 이 영역에 개입하는 데 반대할 것이 뻔했기 때문이다. 물론 나는 재무부에도 통지하지 않았다.'라고 그는 나중에 회고하였다.

유언비어를 퍼뜨리다

처칠은 포스터 제작소에도 비밀 유지를 요청했다. 그러는 한편 낯선 사람의 출입을 금하기 위해 공장에 직접 보초를 세우고 원한다면 작업이 완성될 때까지 관련자 전원을 격리 합숙하도록 명령을 내리겠다고 자청할 정도로 보안에 신경을 썼다.

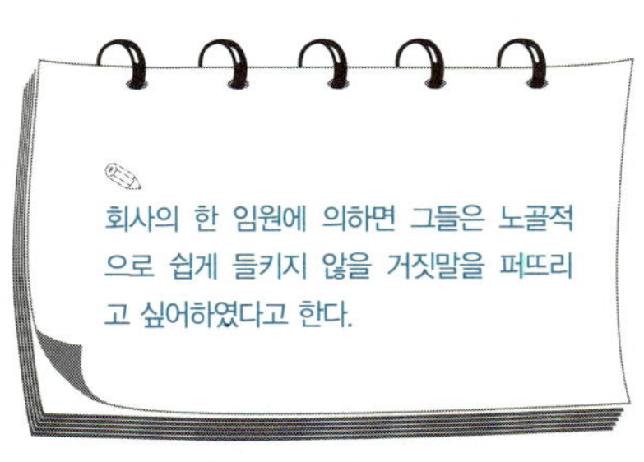

이런 제의에 대해서 제작소 측에서는 그것이야말로 대단한 비밀이 있다고 선전하는 것이나 같으니 환영할 수 없다는 반응을 보였다. 그 대신에 그들은 앞으로 개발할 기계의 용도를 전혀 엉뚱한 것으로 공개하는 것이 좋겠다고 제안하였다.

처칠은 얼마간 망설이다가 이 방법을 받아들였다. 포스터 제작소의 전무이사는 공장에서 어떤 중요한 것을 만든다는 눈치가 보일 만한 일은 전혀 하지 않고, 또 공장의 현장에서 퍼지는 뜬소문을 일부러 억제하려고도 하지 않았다. 도리어 그는 작업에 관한 헛소문이 퍼지도록 애썼다.

심지어 사장인 윌리엄 트리턴이 제도부장인 윌리엄 리그비보다 키가 훨씬 작은 것에 빗대서, 기술자들이 처음 만든 모형을 '리틀 윌리(윌리는 윌리엄의 애칭인 동시에 '오싹한 느낌'이라는 뜻도 있다.)'라고 부르고 두 번째 모형을 '빅 윌리'라고 했을 때조차 말리려 들지 않았다. 이 기묘한 이름은 기술자들을 재미있게 하였을 뿐만 아니라 그 비밀스런 기계를 비웃고 가볍게 보는 효과를 가져왔기 때문이다. 그것은 스스로 조소하는 것을 비밀스럽고 중요하게 생각하기란 좀처럼 어려운 보편적 심리를 이용한 것이었다.

아무튼 기계가 점점 그 모습을 갖추어 감에 따라, 장차 이것이 무엇에 쓰이는가에 관해서 새로운 거짓말이 생성, 유포되었다. 예를 들어 육선의 동체를 그린 도면에는 제도부장이 '메소포타미아 행 물 운반기'라는 별칭을 붙였다. 이것은 곧 이 육선의 호칭으로 이어졌는더 기다란 이름을 귀찮게 여긴 노동자들이, 단순하게 '탱크(물통)'라는 말로 줄여 버렸던 것이다.

기계가 완성되자 남의 눈을 속이기 위한 새로운 방법이 쓰였다. 출고된 탱크를 공장 가까이의 빈터에 전시하여 낯선 번호와 상표를 쿨었던 것이다.

첫 번째로 등장한 탱크에는 '700'이라는 숫자가, 또다른 탱크에는 12인치나 되는 큰 글씨의 러시아 어로 '취급주의! 페트로그라드 행'이라고 쓴 딱지가 붙여졌다. 하지만 러시아 어를 읽을 수 있는 사람은 거의 없었기에 사람들은 고개만 갸웃거릴 뿐이었다.

탱크의 실험

1916년 1월, 처음으로 대규모의 실험을 하기 위해 탱크가 열차에 실려 하트필드로 운반되었다. 탱크는 타르를 칠한 방수포로 엄중히 덮어 씌웠고, 어둠 속을 달려서 한밤중에 도착하게 되어 있었다.

탱크를 링컨에서 실을 때나, 하트필드에서 내릴 때 모두 극비로 다루어졌다. 실험장으로 통하는 모든 도로는 폐쇄되고 곳곳에 보초가 배치되었으며 도로에 면한 집들은 창문에 블라인드를 내리도록 지시되었다.

요컨대 겨울날 동이 트지 않은 어두운 새벽길을 쾅쾅 땅을 울리는 무거운 소리를 내며 지나가는 큼직한 기계에 관해서, 주민들은 무엇 하나도 알아서는 안 되었던 것이다. 탱크를 조작하는 리그비 씨에게도 어떤 일이 있어도 탱크가 골프 코스의 페어웨이로 들어서서는 안 되며 또 잔디를 상하게 해서도 안 된다는, 참으로 영국적인 지시가 내려졌다.

이 실험은 육군 참모 본부의 중요 인사들 외에 프랑스 파견 영국군 총사령관인 헤이그(Douglas Haig, 1861년~1928년) 장군이 파견한 대표자 한 명도 입회한 가운데 실시되었다. 실험이 성공적으로 끝나자 다수의 기계가 주문되었다.

탱크가 제조될 때면 가끔 중요한 인사가 방문하여 실험용 탱크에 시승해 보기도 했다. 언젠가는 한 방문자가 조종사의 뒷자리에 앉는 특혜를 받았는데 조종사는 링컨으로부터 온 믿을 만한 노동자로 포스터 사 기계의 운전에 익숙한 사람이었다.

조종석 전면에는 거의 공간이 없었고, 조종사는 엔진을 다루느라고 커다란 지렛대를 잡아당겨야 했다■. 방문자는 이것이 신기했는지 호기심을 억누르지 못하고 자꾸 조종석 가까이 바싹 다가앉았다. 마침내 조종사는 귀찮은 방문객을 더 이상 참지 못하고 짜증을 내 버렸다.

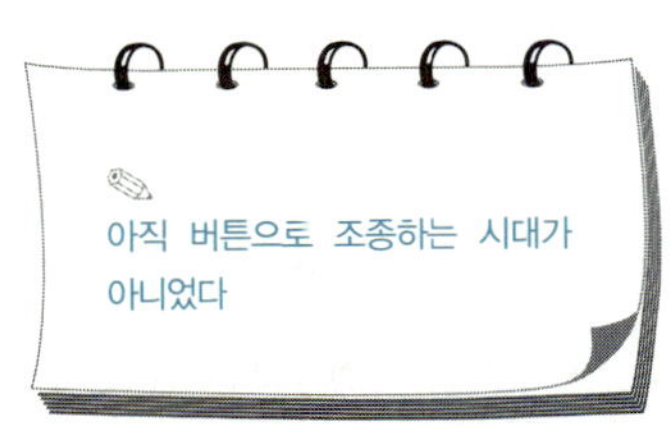

"야, 이 자식아! 내 자리를 몽땅 빼앗을 작정이냐? 좀 뒤로 물러나 앉아, 이 밥통 같은 멍청아!"

방문자는 질겁하여 물러났으나 그 뒤 오랫동안 이 날의 드라이브를 재미있는 추억으로 회상하였다고 한다. 그는 다름 아닌 뒷날의 영국 왕 조지 5세(George V, 1865년~1936년)였다.

영국의 관공서에서는 이 새로운 비밀 기계에 '육선'이니 '육지용 순양함'이니 '캐터필러—기관청 장비의 구축함' 따위의 이름을 붙였다.
그러나 이런 이름은 이 기계의 장래 용도를 너무 쉽게 알아차리게 하
였으므로 쓰기가 곤란했다.

　스윈턴 대령은 이 같은 신무기의 도입을 위해서 특히 중요한 역할을
한 사람인데, 그런 입에 익은 이름 말고 다른 명칭을 찾아보라는 특별
지시를 받고는 다음과 같은 경위로 새로운 명칭을 착안했다.

어느 날 밤, 나는 동료들과 함께 새로운 명칭을 놓고 토론하였다. 그
기계는 상자 같은 구조였으므로, 상자 또는 그릇(용기)의 뜻을 가진 말
이 적합할 듯 여겨졌다. 컨테이너, 레셉터클, 레저버, 시스턴 등의 명
칭을 하나하나 지워 가다가 음절이 하나밖에 없는 '탱크(tank)'에 이르
렀는데, 알기 쉽고 외우기도 쉽다며 모두 찬성하였다.

　이리하여 육선이라는 이름은 탱크로 바뀌었다. 링컨의 노동자들이
1915년 12월보다 훨씬 오래 전에 이 이름을 발명한 사실을 스윈턴 대
령이 알았는지 모르겠지만.

탱크, 전투에 투입되다

얼마 안 있어 병사들은 이 비밀 무기의 사용법을 훈련하게 되었다.

처음 서너 주가 지난 뒤, 탱크의 비밀이 공개되고부터 훈련 캠프는 엄중히 경계되었다. 기병 순찰대가 캠프 주위에 배치되었고, 그 내부에는 여섯 개의 보초선이 설치되었다. 이어서 3개월에 걸쳐 비밀 연습이 실시되었고, 그 뒤 8월 말에 탱크와 훈련병은 프랑스로 수송되었다.

도착한 지 3주일도 되기 전에 그들은 실전에 참가하였다. 영국근 서부 전선의 총사령관인 헤이그 장군은 사용할 수 있는 모든 탱크를 모조리 솜(Somme)의 전투에 사용하기로 결정했다. 이리하여 1916년 9월 15일 새벽, 짙은 안개를 뚫고 32대의 탱크가 독일 전선을 향해 최초로 진격을 개시하였다.

세계 최초의 탱크 공격은 성공을 거두었고, 독일군의 전선을 크게 돌파할 수 있을 것처럼 보였다. 그러나 지원 부대가 불충분해서 적진 깊이 침투하지 못하고 황폐한 시골 마을 하나만 점령하는 전과에 그치고 말았다.

총사령관 더글러스 헤이그는 그 날의 전투를 다음과 같이 보고하였다.

'오늘 탱크는 보병과 협력해서 성공을 거두었음. 적군을 경악키 하고 적군의 저항을 격파함에 크게 조력하였음. 요컨대 적군의 전선에 극도의 사기 저하를 일으켰음.'

한 신문은 비행기 위에서 이 전투를 지켜본 정찰병의 전신 보고를 인용해 '탱크가 플레르 마을의 한길을 활보하고, 영국군 병사들이 환호하며 뒤따르고 있음.'이라고 기사를 실었다.

　　그렇기는 하지만 국지적인 성공을 제외하면 탱크가 처음 출전하여 얻은 전과는 오히려 보잘것없는 것이어서, 훗날 고도의 비밀 무기를 이처럼 시시하게 사용한 사실을 비난받게 되었다.

　　수상 로이드 조지(David Lloyed George, 1863년~1945년)는 이 일을 이렇게 비난했다.

1916년 9월, 비교적 국부적인 작전에 이 최초의 기계 부대를 동원하기로 결정한 것은 참으로 어리석은 실책이었다. 많은 사람들이 수백 대가 생산되기 전까지 그것을 전투에 투입하지 못하도록 애썼으나, 그에 대한 대답은 한결같이 '헤이그가 그것을 원하고 있다.'는 한 마디였었다. 그 때문에 이 위대한 비밀 무기는 점령할 가치도 없는 황폐한 작은 마을 플레르와 교환되어 팔리고 만 것이다.

　　반면 탱크의 비밀은 그리 오래 갈 수 없었을 것으로 보는 주장도 있다.

9월 15일 이전에 독일군은 영국군이 기습 공격을 준비하고 있음을 어렴풋하게나마 알아차리고 있었다. 독일군 포로의 증언에 따르면, 독일군의 일선 부대는 15일 이전에 새로운 형태의 영국군 장갑차가 공격에 사용될 것이라는 경고를 받았다고 한다. 또 14일 오전에는 위장을 하고 대기 중이던 탱크의 존재가 이미 계류기구와 정찰용 비행기에 의해

발각되어 곧 공격이 개시될 것을 예측당하고 있었다. 그러나 적군이 무엇을 감지하였든 간에 그것은 이미 최후의 순간이었다. 또 그런 막연한 경고는 도리어 부대원의 불안감을 키워 공격의 효과를 가중한 결과가 되었을 것임에 틀림없었다. 모든 점에서 그것은 이미 기습이었던 것이다.

처칠은 그 뒤에 다음과 같은 주석을 달고 있다.

'영국군이 이렇게도 멍청하게 비밀을 누설해 버리고 말았는데도 독일의 육군성은 그것을 거의 이용하지 않았다. 때문에 1년 뒤인 1917년 11월 20일에 영국군이 콩브레(Combres)에서 다시금 탱크를 썼을 때, 독일군은 완전히 뒤통수를 맞는 꼴의 기습을 당한 것이었다.'

이 탱크 부대의 역사를 쓴 풀러 대령의 말에 따르면, 그 날에는 탱크 부대 참모진의 머리 속을 떠나지 않았던 계획이 시도되었다는 것이다.

그 작전에서는 500대의 탱크로 기습 공격을 시작할 예정이었다. 탱크가 실제로 진격할 때까지 영국군 포병대는 단 한 발도 쏘지 않았고, 조준을 시험하기 위한 사격도 하지 않았다. 공격은 생각했던 것보다 대대적인 성공을 거두었다. 탱크가 바로 등 뒤에 보병들을 거느리고 전진해 가자, 적군은 완전히 균형을 잃고 당황하여 도망치기 바빴다. 도망치지 못한 병사들은 거의 아무런 저항 없이 두 손을 들고 항복하였다.

11월 20일 오후 4시, 역사상 가장 놀라운 전과 하나가 기록되었다. 11월의 짧은 겨울 낮 동안 독일군의 참호는 10km에 걸쳐서 완전히 파괴되었고, 1만 명의 포로와 200문의 대포가 포획되었다. 이에 반해 영국군의 손실은 1,500명도 안 되었다. 서부 전선을 통틀어 연합군의 단일격으로 이 콩브레 전투 이상의 전과를 거둔 사례가 있는지 의문이다.

이 전투와 그 뒤의 몇몇 전투는, 일부 전쟁 지도자와 많은 정치가들에게 탱크가 신무기 가운데서 가장 강력하고 성공적인 것 가운데 하나임을 밝혀 주었다. 또 전쟁이 끝나갈 즈음에는, 그 같은 비밀스런 전쟁 무기를 처음 사용할 때 발생할 크나큰 기습 효과를 보다 슬기롭게 이용하지 못한 영국군 총사령관에 대해서 준엄한 비난이 광범위하게 전개되었다. 앞에 적은 로이드 조지를 비롯하여 윈스턴 처칠, 스윈턴 대령, 그리고 전쟁사 공식 기록자까지도 그렇게 비난해 마지않았다.

근 반세기나 지난 뒷날 더글라스 헤이그의 전기를 쓴 저술가는 그러한 비난에 대해 반박한 바 있다. 그는 1916년 4월에 적은 헤이그의 일기를 인용하며 헤이그 장군은 솜 전투가 '연합군의 대대적인 승리로 전쟁을 종결케 하리라'는 확신을 가졌기 때문에, 탱크를 실전 상태에서 시험할 마지막 기회라 생각하며 전투에 탱크를 투입할 수밖에 없었다고 주장했다.

22

일식과 월식의 공포

해 와 달 을 먹 는 용

월 식 을 이 용 한 콜 럼 버 스

일식과 월식에서는 태양, 지구, 달이 주역 노릇을 한다. 원리적으로 일식과 월식은 비슷하다.

태양은 지구에 열과 빛을 주는 거대한 천체이다. 지구는 태양 둘레를 거의 원형의 궤도를 그리며 1년에 한 바퀴씩 돈다. 달은 얼추 1개월에 1회의 비율로 지구의 둘레를 돌되, 역시 태양으로부터 빛을 받아 그것을 반사함으로써 빛난다.

일식과 월식의 원리

지구와 달이 이렇게 움직이는 동안에 달이 지구와 태양 사이의 한가운데를 지나다가 세 천체가 가지런히 일직선으로 나란해질 때가 있다. 이렇게 되면 조그만 달의 그림자가 지구 표면의 극히 좁은 부분을 가리게 되어 이 부분에 태양의 빛이 미치지 못하게 된다.

이런 현상은 적어도 1년에 2회 일어나며, 지구 위에서 그 그림자가 된 특별한 지점에 살고 있는 사람이 보면 태양이 전혀 안 보이거나 일부분이 이지러진 것처럼 보이게 된다. 이 현상을 일식이라고 하는데,

전자는 개기일식이고 후자는 부분일식이다.

기실 태양이 이지러진 것같이 보이는 것은 달이 베일처럼 눈앞을 가로막아서 시계에서 감추어지기 때문인데, 달 그 자체는 보이지 않으므로 태양이 없어졌거나 벌레먹어 작아진 것같이 보이는 것이다.

일식이 보이는 지점은 매우 좁다. 더욱이 그것이 때와 더불어 이동하므로 1년에 2회 일어난다고 해도 어떤 한정된 지역에서만 볼 수 있다는 지점을 생각한다면, 한 지역에 있는 사람이 일식을 볼 수 있는 기회란 극히 적다. 부분일식은 고작 70년에 1회 정도, 개기일식이라면 200~300년에 1회 정도밖에는 볼 수 없는 것이다.

때로는 지구가 태양과 달 사이의 한가운데를 지나가서, 세 천체가 가지런히 일직선이 되는 수도 있다. 이렇게 되면 태양의 빛이 달에 미치지 못하므로, 달은 빛을 잃고 꺼져 가는 숯불처럼 검붉고 뿌연 빛만을 내뿜게 된다. 이것이 월식이다.

월식은 보통 1년에 1~3회 일어나지만 전혀 일어나지 않기도 한다.

월식은 일식과 달리, 그것이 일어났을 때 달이 보이는 장소이기만 하면 지구의 밤인 곳 어디에서나 관찰할 수 있다. 그러므로 지구 전체로 보면 오히려 월식이 일식보다 일어날 횟수는 적지만, 일정한 한 지점에 사는 사람의 경우 월식을 볼 수 있는 기회가 훨씬 많다 하겠다. 월식도 개기월식과 부분월식이 있다.

천체의 운동에 관한 양상은 퍽 오래 전부터 상세히 알려져 있었는데, 이미 2,000년 전에 소수의 현인들은 일식이나 월식이 일어나는 시각을 거의 정확히 예언하였고, 또 그것을 볼 수 있는 장소까지 일러 줄 수 있었다.

해와 달을 먹는 용

일식은 오늘날까지도 보는 사람들의 마음에 공포감과 경외심을 안겨 준다. 한낮인데 태양이 점점 이지러지고 빛이 점점 줄어들며 둘레가 어둑해지면, 새들은 지저귐을 그치고 들짐승들도 울부짖거나 으르렁거리며 불안감을 나타낸다.

한 번이라도 일식을 본 사람이라면, 이런 무서운 사건을 만난 원시인들이 얼마나 큰 공포감을 느꼈을지 여실히 상상할 수 있을 것이다.

고대의 저술가는 이와 같은 공포의 사례를 몇 가지의 기록으로 남기고 있다. 남겨진 기록 중 하나에 따르면, 현인 탈레스(Thales, 기원전 624년경~기원전 546년경)는 기원전 585년에 소아시아에서 일식을 예언하여 전쟁을 멈추게 한 일이 있다고 한다 ■.

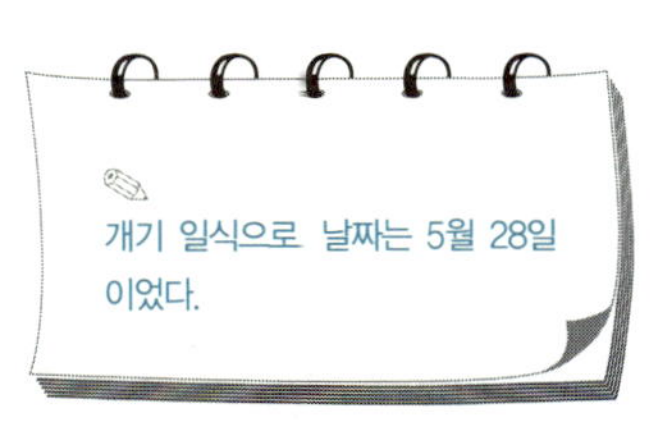

이 때 소아시아의 리디아(Lydia)왕국은 이웃의 메디아(Media)라는 나라와 5년이 넘게 전쟁을 벌이고 있었다. 서로 상대방을 정복하기 위해

전력을 기울이던 어느 날, 격전의 현장에서 탈레스의 예언대로 일식이 시작되었다. 주위가 점점 어두워지더니 끝내 태양이 모습을 감추자, 군인들은 극도의 공포감에 휩싸였다.

그들을 두려움에 떨게 했던 일식이 끝난 뒤, 양국의 지도자들은 이 기묘한 낮에서 밤으로의 돌연한 이적은 서로의 살상 행위가 크나큰 죄악임을 그들에게 타이르는 하늘의 경고라고 확신하기에 이르렀다. 그들은 즉시 정전에 동의하고 영구적인 평화를 위한 방책을 논의하였다. 그들이 제안한 평화 정책은 당시의 관례대로 한쪽 왕의 아들과 다른 쪽 왕의 딸이 혼인 관계를 맺는 것이었다.

그로부터 약 150년 뒤 같은 지역에서 또 한 번의 일식이 일어났다. 그 무렵 아테네(Athens) 왕국에는 페리클레스(Perikles, 기원전 495년경~기원전 429년)라는 유명한 정치가가 있었는데, 그는 현인들로부터 일식에 관해서 익히 배워 아는 바가 있었다.

마침 아테네는 이웃 섬나라와 싸움을 벌이고 있었는데, 페리클레스가 함대를 이끌고 적지를 향해 가고 있을 때 일식이 일어났다. 아무런 예고도 없이 햇빛이 없어지는 것을 보고 뱃사람들은 겁을 잔뜩 집어먹었다. 그들은 태양이 어두워지는 것은 곧 어떤 불길한 일이 일어날 징조라고 굳게 믿었는데, 특히 타수는 어찌 할 바를 모르고 떨고 있었다.

페리클레스는 걸쳤던 망토를 벗어 타수의 얼굴에 씌웠다. 그리고는 그에게 이렇게 망토를 뒤집어씌워서 무섭고 해로운 일이 일어났느

냐고 물었다. 타수가 고개를 젓자 페리클레스는 부드럽게 그를 타일 렀다.

"내가 지금 한 일과 태양에 일어난 일은 조금도 다르지 않다네. 다 만 어둠을 빚어 내는 물체가 자네의 눈을 가린 내 망토보다 훨씬 크다 는 차이가 있을 뿐이지."

현명한 페리클레스는 이렇게 해서 부하들의 불안을 진정시키고, 일 식이 끝나자 다시 배를 저어 전진하였다.

일식의 공포는 어느 고대 문명에든 공통적으로 존재하였다. 고더 그 리스 인들 뿐만 아니라 고대 중국인들도 일식과 월식을 두려워하였다. 이들 극동 지역의 사람들은 일식이나 월식이 일어나는 것은 용이 태양 이나 달을 잡아먹으려고 덤벼들었기 때문이라 믿었다. 그러기에 그들 은 일식이나 월식이 일어나면 북이나 징을 크게 울려서 그 소리에 용 이 놀라 먹이를 놓고 달아나게 하려 했다고 한다.

월식을 이용한 콜럼버스

콜럼버스는 위기의 순간에 월식을 아주 요긴하게 이용한 적이 있다.

1502년, 그는 네 번에 걸친 그의 대항해 중 마지막 항해를 떠났다. 그의 목표는 아시아와 부유한 타이칸(大汚)이 지배하는 중국 땅으토 통 하는 해로의 발견에 있었다. 그는 아시아가 1492년에 그가 발견한- 신

대륙(아메리카) 가까이에 있는 줄 믿고 있었던 것이다.

몇 주일 동안 그는 오늘날 서인도 제도라고 불리는 카리브 해의 여러 섬들을 돌아다녔고, 또 멕시코 만 연안을 따라 순항해 보기도 했으나 아시아로 빠지는 통로는 도저히 찾을 수 없었다.

크고 작은 폭풍우를 몇 번 만나 배가 거의 난파할 지경에 이르기까지도 그는 모험을 단념하지 않았다. 그러다가 엄청난 폭풍우를 만나 마침내 함대를 자메이카라는 섬에 멈춘 것이었다.

원주민들은 콜럼버스 일행에게 소정의 음식물을 공급해 주었지만, 이런 상황이 오래 가면 그것조차도 얻기 힘들 터였다. 콜럼버스는 당시 상태로는 도저히 스페인까지 항해할 수 없다는 것을 잘 알고 있었다.

그는 작은 카누를 빌려 사관인 디에고 멘데스를 히스파니올라(Hispaniola) 섬에 보내기로 결정했다. 그 섬에는 스페인 식민지가 있으니 원조를 받을 수 있을 것이라 생각한 것이었다. 작은 카누가 갈고 위험한 항로를 과연 견딜 수 있을지 불안했지만 그것 외에는 방법이 없었다.

콜럼버스의 염려대로, 길을 떠난 디에고로부터는 몇 달이 지나도록 아무 소식이 없었다. 콜럼버스와 그의 부하들은 디에고가 도중에 죽은 것으로밖에 생각할 수 없었다. 그런 와중에 먹을 것은 떨어지고 생활 조건은 날로 악화되어 부하들의 불만은 점점 고조되어 갔다. 원주민들의 원조도 더이상 기대하기 힘들 지경이었고 콜럼버스는 병든 지 오래되어 부하들의 신뢰마저 잃어 가고 있었다.

1503년 1월, 마침내 부하들은 다른 배의 선장을 따라 반란을 일으

켜 저장 물자를 고급 카누에 싣고 도망쳐 버렸다. 반란에 가담하지 않
고 그의 곁에 남은 일부 부하들의 사기는 땅에 떨어졌다. 인디언들까

지도 콜럼버스의 말을 듣지 않고, 전처럼 음식물을 갖다 주는 것을 거부하였다.

궁지에 몰린 콜럼버스는 문득 괜찮은 방법을 떠올리고 가지고 있던 책 하나를 펼쳐 보았다. 독일의 어느 천문학자가 쓴 그 책에는 자메이카에서 1504년 2월 29일에 월식이 일어날 거라고 적혀 있었다.

콜럼버스는 인디언의 추장들에게 통보하여 바로 그 날 모임을 갖도록 하였다. 추장들이 모이자 콜럼버스는 연설을 시작했다.

"그대들은 내가 신의 명으로 이 곳에 온 사실을 잊었는가? 신의 사자인 나를 대하는 그대들의 태도가 전과 다르니, 신이 노하지나 않을까 걱정이 되는구나!"

콜럼버스의 연설을 들은 인디언들은 죄책감을 느끼는 듯 보였으나, 그들 중 일부는 코웃음을 치며 그를 비웃었다.

그러던 중 달이 떴다. 책에 적힌 대로 과연 달빛은 불타듯이 불그레하였다. 이어서 달에 어두운 그림자가 드리워지자 인디언들은 두려움에 떨기 시작하였다.

그림자는 차츰 커져서 달을 가리기 시작했다. 그러자 인디언들은 공포에 사로잡혀 미친 듯이 날뛰었다. 그들은 허둥거리며 눈에 띄는 대로 음식물을 손에 쥐고 배로 뛰어 올라와서 콜럼버스의 발밑에 바쳤다. 그들은 콜럼버스에게 선처를 빌며, 요구하는 것은 무엇이든 제공하겠다고 약속했다.

콜럼버스는 인디언들의 이와 같은 행동을 본 뒤, 선실로 돌아가서 월식이 거의 끝날 때까지 마냥 기도하는 체하였다. 마침내 월식이 끝나자 콜럼버스는 선실 밖으로 나가 원주민들에게 말하였다.

"신은 너희들이 약속을 지켜서 내게 식량을 제공한다는 조건으로 용서하셨다. 그 표시로 신은 달의 어두운 그림자를 몰아 내실 것이다. 보라, 달은 다시 환히 빛나리라."

콜럼버스의 말이 끝나자 달은 다시 전처럼 휘황하게 밝아졌다.

이 이야기는 이 항해에 부친과 같이 참가했던 콜럼버스의 아들 페르디난도와 라 카사스 주교, 그리고 디에고 멘데스에 의해 기록되었다.

히스파니올라 섬으로 구조를 요청하러 갔던 디에고 멘데스는 기적처럼 살아 돌아와 '인디언들은 콜럼버스의 말을 믿고, 식료품을 그에게 공급할 것을 약속하였다. 그들은 내가 식료품을 실어 보낸 배가 도착할 때까지 그렇게 하고 있었다.'고 기록했다. 멘데스는 월식이 일어났던 2월 29일에 그 장소에 없었지만 풍문을 듣고 쓴 것이었다.

페르디난도와 주교는, 콜럼버스가 쓴 편지와 논문 등을 기반으로 해서 이야기를 기록하였다. 실제 상황이 어떠했든 콜럼버스 본인이 어떤 일을 사실보다 과장해서 말하기를 싫어하는 사람은 아니었기에, 그의 이야기가 더욱 극적이고 유명해진 것인지도 모른다.

몇몇 작가는 소설 속에서 일식과 월식을 하나로 혼동해서 썼다. 예컨대 마크 트웨인(Mark Twain, 1835년~1910년)의 《아서 왕 궁정의 한 미국인(A Connecticut in King Arthur's Court)》이라든가, 라이더 해거드(Rider Haggard, 1856년~1925년)의 《솔로몬 왕의 보고(King solomon's Mines, 1885년)》가 그것이다.

23

사라진 열하루

그 레 고 리 력 의   제 정

영 국 의   신 력   채 용

선 거 에   이 용 된   개 력

개 력 의   영 향

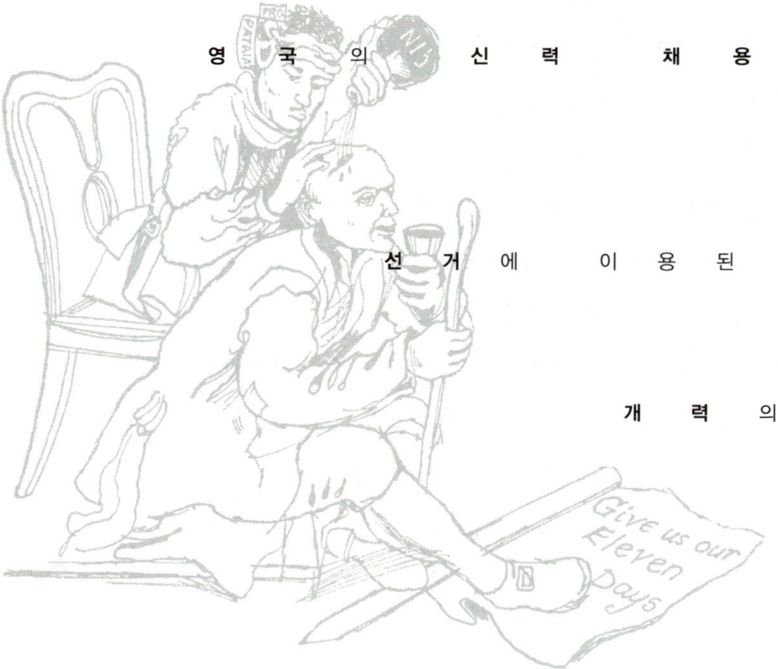

　　유럽의 여러 나라들은 1000년 이상이나 '율리우스력(Julius 曆, Julian calendar)'이라고 불리는 태양력의 일종을 사용해 왔다.

율리우스력의 구조

　　'카이사르력'이라고도 불리는 이 역법은 이름 그대로 로마의 율리우스 카이사르(Julius Caesar, 영어는 줄리어스 시저, 기원전 100년경~기원전 44년)가 이집트 원정에서 역법을 도입하여 기원전 46년에 제정한 것으로, 1년의 평균 길이를 365일과 4분의 1로 보았다. 캘린더에 4분의 1일을 넣을 수 없으니 4년 가운데 3년은 1년의 길이를 365일로 해서 이를 평년으로 다루고, 4년째만은 366일로 해서 윤년이라 부르며 이를 되풀이하기로 한 것이었다.

　　당시 천문학자들은 1년 가운데 낮과 밤의 길이가 똑같아지는 날은 단 2일밖에 없다는 사실을 알고 3월에 있는 그 날은 '춘분', 9월에 있는 날을 '추분'이라 하였다. 카이사르가 이렇게 역법을 고칠 때, 그 때

까지의 역법으로 춘분은 3월 25일이었다. 그래서 카이사르는 새 역법에서도 춘분이 3월 25일이 되도록 정하였다.

크리스트 교의 지도자들은 율리우스력에 크게 관심을 기울였다. 그것은 중요한 종교적 연중 행사, 특히 부활절의 날짜를 확정해야 했기 때문이다.

율리우스력이 사용되던 4세기 초엽에는, 크리스트 교에서 부활절의 날짜를 둘러싸고 많은 논쟁이 벌어졌다. 325년에는 **니케아**라는 곳에서 공의회가 개최되었는데, 여기서도 여느 문제와 아울러 부활절의 날짜 문제가 검토되었다. 오늘날에는 '니케아 공의회(Council of Nicaea)'■로 불리는 이 회의에서, 결국 춘분에 이어진 만월 뒤의 첫 일요일로 부활절이 결정되었다.

그레고리력의 제정

카이사르가 율리우스력을 제정할 때 도움말을 제공한 천문학자들은 1년의 길이를 잘못 계산하고 있었다는 사실을 뒤늦게 알게 되었다. 그들의 계산에 따르면, 진짜 길이는 11분이 더 길다는 것이었다.

1년에 11분이라면 별 문제도 안 될 성싶은 오차로 보이지만, 1년에 11분씩 몇백 년이 지나면 며칠이나 된다. 결국 325년에는 실제의 춘분이 3월 21일인데 율리우스력으로는 3월 25일로 4일이나 앞서 있었다. 이 때문에 니케아 공의회에서는 금후의 춘분을 3월 21일로 고쳐 정한 것이었다.

그런데 몇 세기나 지나는 동안에 율리스우스력의 춘분(3월 21일)은 점점 늦어져서 원래 춘분이 되는 날보다 뒤로 처졌다. 그러던 것이 16세기 중엽에는 적어도 10일쯤은 늦어져 있었던 것이다.

이와 같은 오차를 바로잡고자 로마 교황 그레고리우스 13세(Gregorius XⅢ, 1502년~1585년)는 1582년의 연력(年歷)에서 10일의 분량을 깎아서 10월 5일을 15일로 고쳤다.

교황은 또 앞으로 다시 보정(補正)하지 않아도 되게끔 400년마다 3회만은 윤년을 폐지하고 평년으로 고쳐 율리우스력에 비해 400년에 3일씩 날짜를 줄이기로 하였다.

결국 4년마다 윤년을 설정하는 점은 같지만, 각 세기의 끝 해이나 400으로 나뉘지 않는 경우는 평년으로 정했다. 예를 들어 세기의 마지막 해가 되는 1600년, 2000년, 2400년은 관례대로 윤년이지만, 1700년, 1800년, 1900년은 평년이 되는 것이다.

이렇게 고쳐진 캘린더는, 1만 년에 3일 정도의 오차만을 가지게 되었다■. 이 정도로

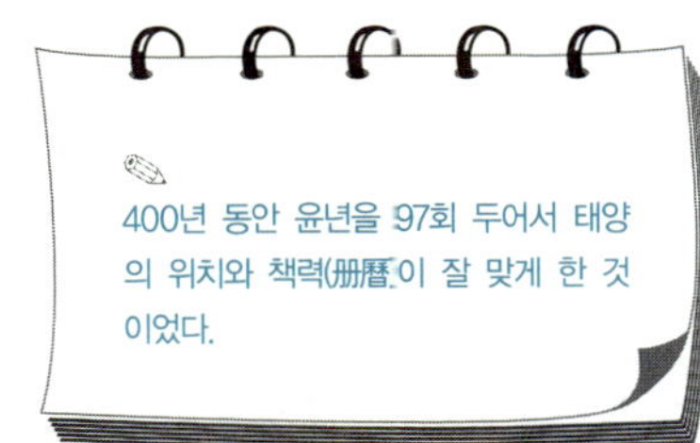

정확하면 실용 측면에서 어떤 목적을 위해서도 지장이 없을 것이었다. 이 새로운 캘린더는 '그레고리력(Gregorian 曆)'으로 불리게 되었다.

영국의 신력 채용

유럽 각국은 대부분 곧 이 캘린더를 채용하였으나, 러시아, 그리스, 스웨덴, 영국 ■은 예외였다.

개신교의 각 나라에서는, 이 그레고리력이 바티칸 궁전의 성벽 안에서 교황 개인의 사정에 맞추어서 제멋대로 정한 것이니 일체 아랑곳할 바 없다는 투였다. 엘리자베스 여왕이 통치하는 영국에서는, 대감독(가톨릭의 대주교) 및 감독은 이렇게 주장하였다.

'이 문제로 교황에 굴복하면 우리는 사회 전반에서 멸시되고 규탄될 것이다. 세상 사람들은 우리 목사들이 그 밖의 여러 문제에서도 교황에게 굴복하게 되리라 생각할 것이기 때문이다.

교황은 실질적으로 우리의 국가와 우리 신앙의 적—그들은 우리의 여왕을 파문하지 않았던가—이다. 그런 자에게서 무엇인가를 받는다는 것은 치욕의 극치다.'

그럼에도 불구하고 새 그레고리력의 채용을 촉구하는 의안이 하원에 제기되었다. 그러나 그것은 심의에서 한두 번 읽혀졌을 뿐 소리도 없이 자취를 감추었고, 율리우스력은 그 후로도 거의 200년 동안이나 계속 사용되어 왔다.

그러는 동안 영국 사회에서도 사려 깊은 지식인들 사이에서 캘린더를 변경할 필요성이 점차 명백해져 갔다. 이미 천문학에서 큰 발전이 있음에도, 영국의 천문학자들은 부정확한 캘린더를 그대로 써야 했기에 매우 불리한 처지에 놓이게 되었던 것이다. 또 외국에 나가서는 날짜 표시에 관해서 갖은 혼란과 직면하였다. 이런 혼란은 외교적인 문제—특히 문서의 협정이나 증서 등에 날짜를 적어 넣을 때—번거롭기 짝이 없었다.

이러한 여러 이유로 1751년에 체스터필드 백작(Chesterfield, 1694년~1773년)이 역법을 개정하자는 의안을 의회에 제출하게 되었다. 영국에서 사용되던 율리우스력에 따르면 그 해의 춘분은 책력의 날짜(3월 21일)보다 이미 11일이나 전에 지나간 뒤였다. 이 11일을 처분하기 위해서 체스터필드 의원은 1752년 9월 2일의 다음 날을 그 해 9월 14일로 하고 그 뒤로는 그레고리력을 사용하자고 제안한 것이었다.

이 의안은 의회에서 거의 아무런 반대 없이 통과되어 법률로 정해졌다. 따라서 9월 3일부터 13일까지의 11일 간은 영국에서는 'Day is none(제외된 날)'이 되었다. 한편, 새로 채용된 캘린더는 가톨릭적 명칭인 그레고리력을 기피해서 '신력(New Style)'으로 불리게 되었다.

국회에서는 별 반대가 없었으나, 1751년 가톨릭에 대한 감정이 한

창 악화되어 가고 있던 국회 밖에서는 이것이 가톨릭의 음모가 아닌가 하는 의구심이 대단했다. 특히 개력(改曆)의 필요성을 충분히 이해하지 못한 사람들 사이에서는 불안감과 분노가 폭발하였다.

사람들은 자코바이트(Jacobite)의 반란을 기억하고 있었으며, 불과 5년 전에 왕위를 요구하며 가톨릭의 보니 프린스 찰리(Bonnie Prince Charlie)가 영국에 침입하여 더비까지 쳐들어왔던 사실을 잊지 않고 있었다.

크롬웰 혁명 뒤에 왕정이 회복되고, 찰스 2세의 뒤를 이어 1685년에 가톨릭의 제임스 2세가 즉위하였다. 그는 영국에 가톨릭을 부흥시키려고 여러 모로 압제를 행하였고 그로 인해 1688년에 명예 혁명이 일어나서 오렌지 공 윌리엄이 국왕으로 추대되어 윌리엄 3세가 되고 제임스는 프랑스로 도망쳤다. 그러나 제임스는 왕위에 복귀할 희망을 버리지 않고 프랑스 왕의 원조를 받으며 영국 왕조의 전복을 위한 음모를 꾸몄다. 이 때 제임스를 지지하던 일파를 '자코바이트'라고 불렀다. 이는 제임스의 라틴어식 표기인 '자코부스'에서 유래한 것으로 '제임스 당'이라는 뜻이었다. 자코바이트는 1715년과 1745년에 큰 반란을 일으켰는데, 특히 1745년에는 제임스의 손자 찰스 에드워드가 스코틀랜드에 상륙하여 스코틀랜드 고지 출신의 병사들을 이끌고 잉글랜드에 침입하였으나 결국은 패퇴하고 말았다.

구력이 얼마나 잘못되어 있는지 그 일수를 구명하는 계산을 한 것은 맥레스필드(Macclesfield) 백작이라는 탁월한 수학자, 제임스 브래들리

(James Bradley, 1693년~1762년)라는 천문학자 ■, 그리고 수학적 재능이 뛰어난 웜슬레이 (Walmesley) 신부 세 사람이었다.

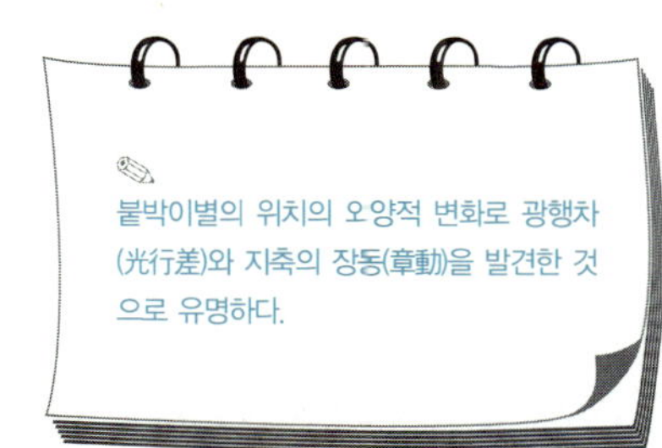

그런데 가톨릭 성직자를 골라서 계산을 돕게 한 것 때문에 더욱 많은 사람들이 개력을 교황의 부추김에서 비롯된 것으로 오해하게 되었다.

사람들의 불안감을 부추긴 것으로는 종교 이외의 이유도 있었다. 예컨대 다수의 지주, 소작농, 상인 들은 금전 거래에 관계된 날짜가 변경되면 차지료(借地料)를 비롯하여 환어음 또는 부채의 환불 등에 갖은 어려움이 있을 것으로 내다보았다. 아울러 성인(聖人)의 날 또는 종교적인 축제일 등의 날짜를 변경하는 것이 불경스럽다는 의견도 많았다.

그 가운데 가장 문제가 된 것은, 대개의 사람들이 국회가 달력에서 깎아 버린 11일만큼 수명이 단축되었다고 믿는 어이없는 사태였다.

의회에서 이 역법의 변경을 제안한 체스터필드 경은 "모든 사회 계층에서 비롯되는 무지스러운 반대와 싸워야 하였고, 의안이 통과된 뒤에는 한길에서 사라진 11일을 돌려달라고 악을 쓰며 뒤를 졸졸 따라붙는 이들과 싸워야 했다."고 말했다.

당시의 신문, 잡지는 개력을 둘러싼 소동과 불안에 관해서 거의 아무런 언급도 하지 않았지만, 1754년 옥스퍼드셔의 의회 선거에서는 선거 슬로건으로 사용될 만큼 그 영향이 컸다.

후보자 중 하나였던 파커 경은, 새로운 책력의 도입에 현저히 공헌한 맥레스필드 백작의 아들이었다. 그의 정적의 선거 팸플릿에는 개력한 사실을 헐뜯고 매도하는 거의 욕설에 가까운 시가 실려 있었다. 그 가운데 어떤 구절은 파커 경 일파가 조상 대대로 전해 내려 온 시간을 훔쳐갔다고 비난하였으며, 또다른 구절에서는 크리스마스의 날짜가 바뀌었다며 다음과 같이 읊고 있었다.

놈은 우리의 시간을 주물럭거려 바꿔치기했다.
그렇게 옛 크리스마스가 쫓겨났으니
그와 더불어 저놈도 쫓아내 버리자.

1755년 영국의 화가이자 판화가인 윌리엄 호가스(William Hogarth, 1697년~1764년)는 《선거 흥행의 유머》라는 표제의 유명한 시리즈를 냈다. 그는 이들 그림의 대부분을 아마도 옥스퍼드셔의 선거 때 보고 들은 것을 바탕으로 그린 것 같다.

그는 평소에 세상을 떠들썩하게 한 사건이나 스캔들 등을 테마로 하고 있었으므로, '우리에게 11일을 돌려 달라!'는 외침을 간과할 리 없었다. 그가 그린 판화의 오른쪽 구석에도 그 외침이 적힌 기가 눈에 띈다. 이 부분에 붙여진 설명은 다음과 같다.

'그것은 청색 기로, 아마도 혁신파의 폭한이 토리 당의 행령에서 탈취해 온 것일 것이다. 그 녀석은 그 때 머리통이 깨져 진(술의 한 종류)을 부어 상처를 손질하고 있었다.'

훨씬 뒷날, 계산을 도와 준 천문학자 브래들리는 오랜 투병 생활 끝에 타계하였는데, 많은 사람들이 개력 사건 때 괘씸한 일을 해서 그가 천벌을 받은 것이라고 생각하였다. 이를테면 그의 병이 부활절의 날짜와 같은 신성한 일을 함부로 농간한 데 대한 보복이라는 것이었다.

브래들리가 심각한 정신 장애로 오래 앓다가 죽은 것은 사실이지만, 그의 건강이 약화된 것은 개력 이후 적어도 9년이나 지난 뒤의 일로 그 원인은 천형이 아니라 과로였을 뿐인데도 말이다.

개력의 영향

새 역법이 도입된 지 꼭 100년 후에, 〈더 타임스〉는 이에 관한 재미있는 기사를 실었다.

달력이 변경되어 11일이 줄어든 지 100년이 지났다. 당시는 사람들의 수명이 그만큼 단축되었다고 믿어지고 있었던 것이다.

이어서 이 신문은 영국인의 생활에 지금도 영향을 남기고 있는 그

법률의 재미있는 특색을 들고 있다.

 뿐만 아니라, 그것은 재무부의 회계연도 속에 현실적으로 남아 있다. 크리스마스 후의 11일간이 정당시되지 않는 것은 이 때문이다.

신력이 도입한 법률은 동시에 신년의 제1일을 그 때까지처럼 3월 25일 아니라 1월 1일로 정하였다. 그러나 회계의 조작에서는 완전한 1년을 구획하는 일이 절대적으로 필요하기 때문에, 1752~1753년의 회계연도는 3월 25일에 끝나지 않고 11일을 보태서 4월 5일에 끝나는 것으로 결정되었던 것이다.

이 법률이 시행된 뒤로 오늘날까지—세금을 납입하는 모든 국민들이 납세통지서를 통해서 알 수 있다시피—영국의 회계연도는 매년 4월 6일부터 시작되어 이듬해 4월 5일에 끝나게 되어 있다.

24

콜럼버스의 달걀

콜럼버스의 고민

달걀을 세우는 콜럼버스

브루넬레스키의 달걀

발견(discovery)이라는 것에는 언뜻 보기에 단순한 것이 많다. 때문에 설명을 들은 뒤에는 왜 내가 미처 그렇게 착상하지 못했던가 하고 아리송한 느낌을 갖게 되는 경우가 종종 있다. 그런 까닭에 우리는 때로 원래의 발견자를 대수롭지 않게 여길 때조차 있다.

사실 알고 보면 참으로 쉬운데 누구나 생각하면서도 아무도 실행에 옮기지 못하고 있던 것, 그 유명한 사례가 바로 '콜럼버스의 달걀'이다.

그러나 이 이야기의 의미를 충분히 음미하기 위해서는 그가 처음에 인도에 이르는 모험 사업의 비용을 조달하려고 얼마나 악전고투했던가 하는 점을 상기하여야 할 것이다.

콜럼버스의 고민

콜럼버스(Christopher Columbus, 1451년~1506년)는 몇 해나 되는 시간 동안 유럽 여러 나라의 통치자들을 찾아다니며, 자신에게 선대(船隊) 하나를 장만해 주고 식료품 및 장비를 지급해 달라고 청원했지만 아무도 귀담아듣지 않았다. 간신히 에스파냐 국왕 페르난도 5세(Fernando V, 1452년~1516년, Ferdinand라고도 한다)와 왕후 이사벨(Isabel I, 1451년~1504년)의 흥미를 끌었지만, 하필 그 때 전쟁이 일어나 그들의 관심을 빼앗기고 말았다.

콜럼버스는 이들의 도움을 얻고자 갖은 애를 쓰며 6년 이상이나 에스파냐에 머물렀다. 그 동안 콜럼버스는 극심한 가난과 쓰라린 고생에 시달려야 했다. 더욱 견딜 수 없었던 것은 그에게 쏟아지던 갖은 조소였다.

그는 세 번이나 국왕과 여왕을 설득하여 성공 문턱에 이르렀으나, 늘 마지막 순간에 틀어지곤 하여 그들은 원조의 손을 다시 거두곤 했다.

마침내 그는 절망 끝에 영원히 에스파냐를 떠나 버리기로 결심했다. 그 마지막 준비를 하고 있을 때, 콜럼버스에게 여왕이 그의 제안에 관해서 좀더 구체적으로 알고 싶어한다는 말이 들려왔다.

콜럼버스는 뛸 듯이 기뻐하며 여왕을 찾아갔다. 그는 자신이 하고 싶어하는 일이 무엇인지, 그 일을 위해서는 어떤 것이 필요한지 열성적으로 설명하였다.

이사벨 여왕은 그의 열의에 감동하여 탐험 준비를 갖추도록 명했다.

콜럼버스의 기쁨이란 이루 말할 수가 없었다. 이리하여 1492년 8월 3일, 콜럼버스와 그의 선대는 '서쪽의 육지'를 찾아 아직 해도(海圖)에 실려 있지도 않은 대양을 향해 출발하였던 것이다.

달걀을 세우는 콜럼버스

콜럼버스의 항해는 대성공을 거두었고, 개선장군이 되어 귀국한 그는 국민적 영웅으로 엄청난 환대를 받았다. 페르난도 국왕과 이사벨 여왕도 바르셀로나의 궁전에 그를 환영하는 자리를 마련하였다.

왕후, 귀족, 성직자들이 모두 참석한 이 자리에서 콜럼버스가 왕과 여왕 앞에 무릎을 꿇으려 하자, 왕은 "그럴 것 없다." 라고 말하며 그냥 자리에 앉도록 하였다.

이것은 격식이 까다로운 에스파냐 궁정에서 너무나도 파격적인 대우가 아닐 수 없었다.

국왕의 첫째 가는 신하였던 에스파냐의 추기경도 그의 성공을 축하하며 연회를 베풀었다. 그 자리에는 대지주를 비롯하여 집안 좋은 궁정 신하, 지위 높은 성직자 들이 대거 참석하였다.

이들 가운데에는 한낱 외국인이 그토록 큰 명예와 영광을 에스파냐 왕국 뿐만 아니라 전세계 여러 나라에서 획득한 사실을 시기하는 사람들도 많이 있었다.

연회에서 대화의 주제는 그 당시의 보편적 토픽이었던 **인도 제도**였다. 참석자 가운데 하나가 어쩌다가 이야기 끝에 콜럼버스가 거둔 빛나는 성과를 깎아 내리고자 입을 열었다.

"크리스토퍼 콜럼버스 씨. 설사 귀하가 인도 제도를 발견하지 않았다 할지라도, 우리 에스파냐의 어느 누군가가 틀림없이 귀하와 같은 일을 하였을 것이오. 우리 나라에는 세계와 지리학과 문학에 정통한 위대한 인물들이 얼마든지 있으니까요."

이 말을 들은 콜럼버스는 덤덤한 얼굴로 웨이터에게 달걀 하나를 가져오라고 하고는 이렇게 말하였다.

"여러분, 누구든지 좋습니다. 이 달걀을 탁자 위에 세울 수 있습니까?"

사람들은 달걀을 세우기 위해 애를 썼지만 모두 보기 좋게 실패하고 말았다.

"아무도 못 하시겠습니까? 그럼 제가 해 보지요."

콜럼버스는 달걀의 한쪽 끝을 톡톡 쳐서 깬 뒤, 깨진 부분을 밑으로 가게 해서 세웠다. 달걀은 넘어지지 않고 보기 좋게 서 있었다.

그러나 사람들은 그건 누구나 할 수 있는 일이라며 코웃음을 쳤다. 그 때 콜럼버스가 정색을 하며 말했다.

"남이 하고 난 뒤에는 이건 아무것도 아닌 너무나 쉬운 일이지요. 그러나 이렇게 아무것도 아닌 일도 처음으로 시도하기는 어려운 것입

니다.”

　서쪽으로 계속 가서 섬 하나를 발견한 것이 뭐 그리 대단한 일이냐며 비웃던 사람들은 모두 입을 다물었다. 실제로 그들이 오랫동안 불가능한 일이라고 여기며 시도하기는커녕 오히려 그 시도를 비웃고만 있었던 일을, 콜럼버스는 맨 처음 도전하여 멋지게 해 냈던 것이다.

브루넬레스키의 달걀

　‘콜럼버스의 달걀’로 너무나 잘 알려진 이 이야기가 처음 인쇄물에 실린 것은 이탈리아 사람인 지롤라모 벤조니(Girolamo Benzoni)가 1565년에 저술한 《신세계의 역사》로 추정된다. 벤조니 자신은 그 연회에 참석하지 않은 채 전해지는 말을 바탕으로 썼고 말하지만.

　“콜럼버스가 인도 제도를 발견한 뒤에 그런 일이 있었다고 나는 들은 바 있으니, 여기서 소개해도 그다지 엉뚱하다고는 여겨지지 않을 것이다. 달걀을 세운 일은 예전에도 있었지만, 당시로서는 역시 신선한 화젯거리였다.”

　그보다 불과 15년 전에 역시 이탈리아 사람인 바사리(Giorgis Vasari, 1511년~1574년)도 어느 건축가에 관해 그와 유사한 일화를 서술한 바 있다. 바사리의 이야기는 13세기의 마지막 수 년 간에 피렌체(플로렌스)의 교회 지도자들이 이 번영하는 중요 도시에 알맞은 큰 성당을 건설할 것을 결정했을 때부터 시작된다.

　문제의 공사는 1296년에 시작되었다. 그러나 그로부터 백 년 이상이 지나도록 건물을 완성하지 못하고 있었다. 첫 번째 건축가가 광대한 **경간**에 걸치는 돔 또는 **큐폴라**라는 지붕을 설계한 뒤, 건축법을 아무에게도 알리지 않고 돔이 건조되기 전에 죽어 버렸기 때문이다.

　조그만 면적을 덮는 돔이라면 문제 될 것이 없었지만, 큰 면적에 돔을 걸치는 공사는 매우 어려워서 어느 건축가도 손을 댈 수가 없었다. 그 뒤 1세기 동안 건조법이 연구되었으나 어느 것도 성공적이지 못하였다.

　1407년이 되자 당국은 이 대성당의 완성을 위해서 전력을 기울이기로 하였다. 공사 관계자를 소집하여 회의를 개최하고, 수많은 나라의 건축가들이 참석한 가운데 돔의 완성을 위한 논의가 계속되었다.

　여기서 브루넬레스키(Filippo Brunelleschi, 1377년~1446년)라는 이탈리아의 젊은 건축가가 등장한다. 그는 오래 전부터 이 문제를 연구하며 수없이 설계도를 그리고 모형을 만들어 보았기 때문에, 그 거대한 돔들 완성할 수 있다는 확신을 갖고 있었다.

　그렇지만 이미 많은 유명 건축가들이 실패한 뒤였으므로, 이름 없는 풋내기인 자신이 명망 높은 건축가들을 설득시키기란 쉽지 않을 것이었다. 때문에 그는 논의의 현장에서 자신의 복안을 설명하거나 설계도와 모형을 보여 주는 어리석은 행위는 하지 않았다.

그는 자신에게 질투와 불신의 혼합물이 퍼부어지고 있다는 사실을 뼛속깊이 느끼고 있었고, 자신의 발명에 관한 공로를 여느 한 떼의 건축가들과 나누고 싶지도 않았으므로, 그 일이 자신에게 온전히 주어지지 않는 한 구태여 비밀을 누설하지는 않겠다는 결심을 한 터였다.

실제로 건축가들 태반이 이 일을 브루넬레스키에 일임하는 것을 강경히 반대하며, 설사 그렇게 되더라도 그들 자신이 먼저 설계도를 철저히 검토해야 한다고 주장했다. 그러나 브루넬레스키는 이런 말로 그들의 입을 틀어막아 버렸다.

"우리들 가운데 이 반들반들한 대리석 위에 달걀을 세울 수 있는 사람이 있다면, 그에게 돔 건설 공사를 맡겨야 할 것입니다. 달걀을 세움으로써 그 사람의 재능이 입증될 것이기 때문입니다."

건축가들은 저마다 달걀을 손에 들고 그것을 세워 보려고 애썼지만 누구 하나도 성공하지 못했다. 끝내 그들이 제안을 한 브루넬레스키에게 답을 요구하자, 브루넬레스키는 달걀을 살짝 집어 들어 손가락으로 그 허리를 부드럽게 쥐고는 한쪽 끝을 대리석에 두드려 깬 다음 곧추세웠다.

여러 예술가들은 그런 손쉬운 일은 누구나 할 수 있을 거라며 언성을 높여 항의하였다. 이에 브루넬레스키는 빙그레 웃으며 대답하였다.

"내가 큐폴라(돔)를 만드는 방법을 여러분에게 보여 드린 뒤라면, 확실히 여러분도 내가 연구한 방법과 똑같은 설계를 할 수 있을 테지요.”

바사리는 브루넬레스키가 이 공사를 위임받은 뒤 130년이나 지나서야 이 이야기를 활자화하였는데, 이는 달걀 세우는 이야기로는 최초였던 것 같다.

앞서 벤조니는 ‘예전에 다른 방식으로 달걀을 세운 사례가 있다.’고 언급한 바 있다. 어떤 일화를 한 유명한 인물로부터 딴 인물로 옮겨 붙이는 현상은 그리 보기 드문 일이 아니다.

따라서 벤조니가 브루넬레스키에 관한 에피소드에 적당히 손질을 해서 콜럼버스에 갖다 붙였을 가능성을 덮어놓고 부정해 버릴 수는 없다.

바사리 역시 누군지 알려지지 않은 인물로부터 따다 브루넬레스키에 옮겨 붙였으면 어떤가. 중요한 것은 브루넬레스키가 돔 건설을 위임받아서 훌륭히 마무리했다는 점이다.

‘콜럼버스와 달걀’ 이야기는, 과학의 발견이 반드시 겉보기처럼 딱딱한 것이 아님을 상기시켜 주는 적합한 사례라 볼 수 있다.

이 케임브리지 과학사 시리즈를 통해서도, 전적인 사고라든가 우연의 결과로밖에는 여겨지지 않은 발견을 숱하게 다루었다.

그러나 발견의 경위라든가 발견자의 배경 등을 면밀히 살펴보면, 그것이 일어난 우연한 기회를 적절히, 슬기롭게 이용한 사람이 얼마 되지 않는다는 것을 알게 될 것이다.

찬스는 그것을 받아들일 준비가 되어 있는 이에게만 혜택을 준다는
루이 파스퇴르(Louis Pasteur, 1822년~1895년)의 말처럼!

쉽다. 그리고 너무너무 재미있다. 추리 소설이나 연애 소설만이 재미있다는 통설을 이 책은 한꺼번에 뒤집는다. 과학이라면 왠지 딱딱하고 어려운 것이라는 우리의 편견이 얼마나 잘못된 것인지를, 실험이나 화학 공식만이 과학의 전부일 거라는 우리의 왜곡된 상식을 《청소년을 위한 케임브리지 과학사》는 바로잡아 준다.

"그래도 지구는 돈다." 늙은 갈릴레이가 종교 재판을 받은 뒤에 중얼거렸다는 이 유명한 말에 숨은 일화, 만유인력을 발견한 뉴턴의 사과나무 이야기는 정사(正史)가 아니라는 사실, 그 밖에 실험실에서 있었던 일화, 인류 역사를 바꾼 뜻밖의 발견들……. 그 모든 과학의 역사에 숨겨진 뒷얘기들을 이 책은 담고 있다.

그러나 재미만 있는 책은 아니다. 종교 개혁의 선구자였던 루터나 칼뱅이 지동설의 맹렬한 공격자였다는 이야기와 원자 폭탄을 둘러싼 이야기를 통해 과학의 역사가 단지 찬사와 축복만으로 이루어진 것이 아니라, 무지와 권력과 보수적 질서와의 완강한 싸움을 통해 스스르의

293

미래를 열어 온 것임을 가르쳐 준다. 그리고 진리에의 갈증을 풀기 위하여 일생을 연구에 몰두하는 과학자들의 삶과 신념을 통해 올바른 인생에 대한 교훈을 일깨워 준다.

이 책은 교과서에 나오지 않는 이야기를 통해서 교실 밖의 진지한 과학 교사가 되어 주고, 과학 공부에 싫증을 내는 학생들에게 학습 의욕을 북돋워 준다. 과학사에 있어서 중요한 일화나 유명한 말을 설명할 때, 실제로 그런 일이 그 당시 어떤 사회적 상황에서 일어난 일인지, 정확한 진상은 무엇인지, 만약 허황된 와전이라면 그 경위는 어떠한 것인지 정확하게 설명해 준다. 과학·기술사의 오류를 수정하여 진실을 복원시켜 낸 것은 지은이의 노력과 희생이 있었기에 가능한 것이었다.

그렇기에 이 책은 누구나 읽어도 좋다. 과학 과목에 흥미를 잃은 학생, 학부모, 또 지은이와 같이 수업 내용을 풍부히 하고 싶어 하는 교사, 과학 기술직에 종사하고 있는 직장인, 그리고 삶의 질을 풍부히 하고 폭넓은 교양을 얻고자 하는 일반인, 그 어느 누구에게라도 권하고 싶은 책이다. 특히 청소년을 위한 과학서로서 적극적으로 추천하고 싶다.

　이 책을 번역하게 된 동기도 과학 교육과 보급의 현장에서 이보다도 더 절실한 책은 없을 거라는 생각에서였다. 과학의 지평을 넓히는 데 이보다 더 적절한 책은 아직 발견하지 못했기에 더더욱 보람을 느낀다. 옮기는 데도 특별한 어려움은 없었다. 그리고 독자들의 이해를 높이기 위해 가급적 쉬운 용어로 풀어 쓰고 또 설명이나 주(註)도 성실히 달았다.

　끝으로 이 책을 출판하는 데 힘을 실어 주신 출판사 관계자 여러분의 노고에 심심한 고마움을 전한다.

조경철